中等职业教育改革创新规划教材

数控铣削加工技术项目教程

主　编：李国举

外语教学与研究出版社
北京

图书在版编目（CIP）数据

数控铣削加工技术项目教程 ／ 李国举主编．—— 北京：外语教学与研究出版社，2011.8
（2020.7 重印）
中等职业教育改革创新示范教材
ISBN 978-7-5135-1253-4

Ⅰ．①数… Ⅱ．①李… Ⅲ．①数控机床–铣削–中等专业学校–教材 Ⅳ．①TG547

中国版本图书馆 CIP 数据核字 (2011) 第 178904 号

出 版 人　徐建忠
责任编辑　牛贵华
封面设计　彩奇风
出版发行　外语教学与研究出版社
社　　址　北京市西三环北路 19 号（100089）
网　　址　http://www.fltrp.com
印　　刷　北京虎彩文化传播有限公司
开　　本　787×1092　1/16
印　　张　14
版　　次　2011 年 9 月第 1 版 2020 年 7 月第 5 次印刷
书　　号　ISBN 978-7-5135-1253-4
定　　价　28.00 元

职业教育出版分社：

地　　址：北京市西三环北路 19 号 外研社大厦 职业教育出版分社 (100089)
咨询电话：010-88819475
传　　真：010-88819475
网　　址：http://vep.fltrp.com
电子信箱：vep@fltrp.com
购书电话：010-88819928/9929/9930（邮购部）
购书传真：010-88819428（邮购部）

购书咨询：（010）88819926　电子邮箱：club@fltrp.com
外研书店：https://waiyants.tmall.com
凡印刷、装订质量问题，请联系我社印制部
联系电话：（010）61207896　电子邮箱：zhijian@fltrp.com
凡侵权、盗版书籍线索，请联系我社法律事务部
举报电话：（010）88817519　电子邮箱：banquan@fltrp.com
物料号：212530001

记载人类文明
沟通世界文化
www.fltrp.com

前　言

　　本书是根据原劳动和社会保障部关于数控车工中级工技能考核标准，并参照《中等职业学校数控技术应用专业领域技能型紧缺人才培养指导方案》核心课程"数控铣削编程与操作训练"的教学内容和教学要求编写而成的，符合数控铣床编程与操作员岗位要求的项目教学课程。

　　本书主要有以下特点。

　　（1）编写中始终坚持"以就业为导向，以能力为本位"的教学理念，切实贯彻学生"于做中学"的指导方针。本着易学、够用的原则，将理论与实践有机结合，使"做"、"学"、"教"统一于项目的整个进程。

　　（2）着眼于对学生基本功的培养，以学生为主体，突出基本技能和基本知识的传授。以项目引领、任务驱动的方式将加工工艺和生产实践相结合，按照数控加工的一般工艺设置教学任务和项目，由易到难、由简到繁、循序渐进地组织教学，为进一步学习自动编程做准备。

　　（3）通过对项目的学习，使学生掌握相关指令的用法和数控铣床或铣削加工中心的操作技能；在操作的过程中，培养学生分析加工工艺的能力和编写加工技术文件的能力，以及爱岗敬业、团结协作的精神。

　　（4）根据 FANUC 0i Mate-MD 编写，学生通过对沟槽、轮廓、平面和曲面工件的铣削及孔的加工等项目的学习，能够熟练掌握 FANUC 0i Mate-MD 系统相关指令的用法和相关工件的加工工艺，能够熟练操作数控铣床或铣削加工中心完成工件的精密加工，从而成为适应市场需求熟练操作工或编程员。通过项目拓展知识，学生能举一反三、触类旁通，适应不同系统数控机床的岗位需求。

　　（5）实用性强、重点突出、层次分明、图文并茂、言简意赅、通俗易懂。

　　本书既适合作为中等职业学校数控类专业教材使用，又适合作为数控类岗位准入培训用书，还可作为相关专业技术工人了解新知识、学习新技术、掌握新工艺和运用新方法的自学教材。

　　本书由河南省禹州市第一职业高中李国举主编并编写了项目一、项目二和项目三；项目四由河南省济源市第一职业高中王建波编写；项目五和项目六由河南省鹤壁工贸学校王海英编写。本书由鹤壁工贸学校张树周担任主审，同时审稿的还有河南信息工程学校王国玉工程师。在本书编写过程中，得到了李国兴工程师的指导和帮助，也得到了沈阳机床有限公司的大力支持，在此一并表示衷心的感谢！

　　由于编者水平有限，书中疏漏之处在所难免，恳请广大读者和同仁批评指正。

本书还配有电子教学参考资料包（可在外研社职业教育网资源中心下载，网址为 http://vep.fltrp.com/resource.asp），以便于教师教学和学生学习。

编　者
2011 年 7 月

目　录

项目一

数控铣削的基本认知

项目情境

数控铣床或铣削加工中心是用计算机数字化信号控制的机床，能够完成沟槽、内/外轮廓、平面、曲面和孔的自动加工。特别是铣削加工中心，能够在一次装夹下，通过自动换刀装置（Automatic Tools Change，ATC）自动完成铣削、钻削、扩削、锪削、铰削、镗削和攻螺纹及二维、三维曲面和斜面的精确加工，具有加工效率高和形位公差小等特点。在机械制造行业，数控铣削主要用于模具、样板、叶片、凸轮、连杆和箱体等工件的加工。平面类零件、变斜角零件、曲面零件、孔及螺纹等均为数控铣削加工的对象，如图 1-1 所示。数控铣床或铣削加工中心在汽车制造业和模具制造业中的应用尤为广泛。

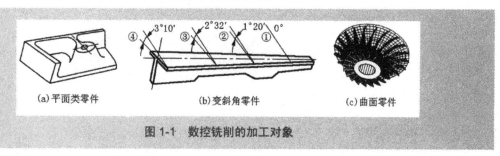

(a)平面类零件　　　　(b)变斜角零件　　　　(c)曲面零件

图 1-1　数控铣削的加工对象

从事数控加工的技术人员，应了解数控铣床或铣削加工中心的基本结构，熟悉其基本功能；编程员应能够根据图纸及毛坯分析加工工艺、确定加工方案、选择铣削时的刀具类型及加工时的切削用量，并能够编写出加工技术文件。

项目学习目标

	学 习 目 标	学 习 方 式	学 时
技能目标	熟悉机床结构和面板功能，掌握对刀方法	机床实践操作	10
知识目标	① 了解数控铣床或铣削加工中心的主要功能、结构和型号； ② 能够根据图纸分析加工工艺、确定加工步骤、选择加工参数、编写加工技术文件； ③ 熟悉机床坐标系和工件坐标系	理论学习，上机操作练习	6

续表

	学 习 目 标	学 习 方 式	学 时
情感目标	激发学生学习数控技术的兴趣，培养团队协作意识、责任意识和创新意识，培养善于思考、严谨务实和爱岗敬业的精神	在情境中培养兴趣，激发学生自觉主动学习	

目任务分析

　　通过本项目，逐一介绍数控铣床或铣削加工中心是怎样的设备，数控铣床或铣削加工中心是如何加工工件的，以及操作人员怎样操作数控铣削机床。

　　组织学生通过实地观察，直观地认识机床的结构，了解 MDI 面板的功能；通过分析一个工件的加工工艺流程，了解数控铣削的一般加工工艺，掌握加工技术文件的编写方法；通过对刀操作，理解机床坐标系和工件坐标系的关系。

目基本功

任务一　认识数控铣床

基 本 技 能

一、熟悉数控铣床或铣削加工中心的硬件结构

1. 数控铣床或铣削加工中心的结构

　　数控铣床以布局形式来划分，有升降台式、工作台不升降式、工作台回转式、龙门式、仿形铣和工具铣等类型；以主轴的布局形式来划分，有立式数控铣床（见图 1-2（a））、卧式数控铣床（见图 1-2（b））和立卧两用数控铣床等类型。立式数控铣床主轴的轴心线为垂直状态，按照构造又分为工作台升降式、主轴头升降式和龙门式三种类型。主轴头升降式立式数控铣床采用工作台纵向和横向移动，且主轴头以沿垂直溜板上下运动的形式，在精度保持、承载重量和系统构成等方面具有很多优点，它已成为数控铣床的主流。

　　数控铣床一般由数控系统、主传动系统、进给伺服系统和冷却润滑系统等几大部分组成。主轴箱包括主轴箱体和主轴传动系统，用于装夹刀具并带动刀具旋转；进给伺服系统由进给电机和进给执行机构组成，按照程序设定的进给速度实现刀具和工件之间的相对运动，包括直线进给运动和旋转运动；控制系统是数控铣床的运动控制中心，执行数控加工程序控制机床进行加工；辅助装置包括液压、气动、润滑、冷却系统和排屑、防护等装置；机床基础件指床身、底座、立柱、横梁、滑座和工作台等，它是整个机床的基础和框架，如图 1-3 所示。

铣削加工中心可以看做是带有刀库和自动换刀装置的数控铣床。

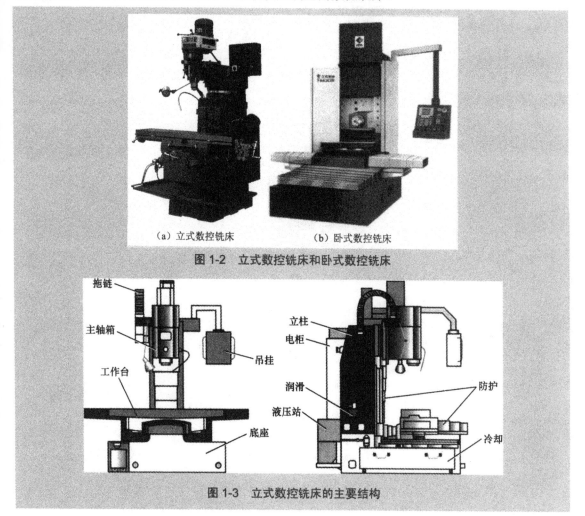

（a）立式数控铣床　　　　（b）卧式数控铣床

图 1-2　立式数控铣床和卧式数控铣床

图 1-3　立式数控铣床的主要结构

2．数控铣床的 CNC 系统

现在的数控铣床使用的几乎全部是 CNC（Computerized Numerical Control，计算机数控）系统。CNC 系统是根据存储器存储的控制程序，执行部分或全部控制加工功能，并配有接口电路和伺服驱动装置，实现数值控制的计算机系统。计算机数控系统的结构如图 1-4 所示。

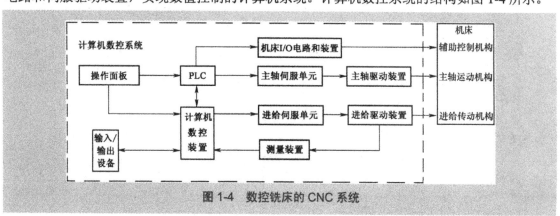

图 1-4　数控铣床的 CNC 系统

二、认识数控铣床的 CRT/MDI 面板

BEIJING-FANUC 0i Mate-MD 的 CRT/MDI 面板由 CRT 软键、复位键、地址键、数字键、编辑键、功能键、方向键和翻页键构成，如图 1-5 所示。CRT/MDI 面板是人机对话的窗口，主要的功能键和其他键的用途见表 1-1 和表 1-2。

图 1-5　数控铣床或铣削加工中心的 CRT/MDI 面板

表 1-1　CRT/MDI 操作面板主要功能键的用途

功 能 键	用 途	功 能 键	用 途
POS	显示当前位置的各种坐标	MESSAGE	显示报警信息和用户提示信息
PROG	显示程序的内容	CUSTOM GRAPH	显示或输入设定，选择图形模拟方式
OFFSET SETTING	显示或者输入刀具的偏置量和磨耗值	HELP	显示帮助信息
SYSTEM	显示对系统参数的设置选项		

表 1-2　CRT/MDI 操作面板其他键的用途

功 能 键	用 途	功 能 键	用 途
RESET	用于解除报警，CNC 复位	PAGE↑ PAGE↓	使页面向前翻或向后翻
CAN	消除输入缓存器的文字或符号	EOB · /	编程时输入相应的符号：结束符和跳步符号等
INPUT	用于非 EDIT 状态下的指令段及数据的输入	F 4	字母和数字等字符的输入
ALERT	替换键	□	软键（位于面板下方）按照界面可以给出各种功能，具体的功能在 CRT 画面的最下方显示
INSERT	用于 EDIT 状态下的指令段的输入	←↑↓→	方向键，用于光标的移动
DELETE	编程时用于删除光标所在位置的程序	SHIFT	换挡键，配合字母、数字键选择输入下标字母或符号

4

VMC850-E 型加工中心的操作面板如图 1-6 所示，操作面板的功能表见表 1-3。

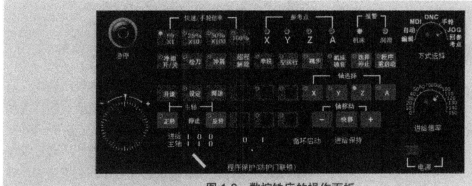

图 1-6 数控铣床的操作面板

表 1-3 操作面板的功能表

符 号	功 能	符 号	功 能	符 号	功 能
F0 X1	快速进给速度为 F0 手轮 0.001mm	冷却开/关	冷却开关	松刀	手动松刀
25% X10	G00 速度的 25% 手轮 0.01mm	冲屑	冲屑	超程解除	超程解除
50% X100	G00 速度的 50% 手轮 0.1mm	单段	单段运行	空运行	空运行
100%	G00 速度的 100%	跳步	跳步	机床锁住	机床锁住
	—	选择停止	选择停止	程序重启动	程序重启动
升速	手动主轴升速	X	X 轴选择		—
设定	手动主轴转速设定	Y	Y 轴选择		负方向电动进给
降速	手动主轴降速	Z	Z 轴选择	快移	快速进给按钮
正转	手动主轴正转	A	A 轴选择	+	正方向电动进给
停止	手动主轴停止		循环启动		数控系统上电
反转	手动主轴反转		进给保持		数控系统断电
0 I	程序保护		主轴倍率旋钮		功能选择旋钮
	急停按钮		手摇脉冲发生器		进给倍率旋钮

基 本 知 识

一、数控铣床的功能及型号

数控铣床是指使用 CNC 系统的铣床，是用数字化的信息来实现自动化控制的铣床。编程员用规定的文字、数字和符号将与零件加工有关的信息组成代码，按一定的格式编写成加工程序单，再将所加工的程序通过控制介质输入到数控装置中，由数控装置经过分析处理后发出各种与加工程序相对应的信号和指令，从而控制机床进行自动加工。数控铣床通过程序自动完成沟槽、内/外轮廓、平面和曲面等的铣削加工，也可以进行钻孔、扩孔、铰孔和攻螺纹等的加工操作。同普通铣床相比，数控铣床具有加工适应性强、能完成复杂型面的铣削、加工精度高、质量稳定、生产效率高、操作劳动强度低等特点。因此，数控铣床特别适合于形状复杂、尺寸精密、小批量和多变的零件的加工，如图 1-7 所示。

图 1-7 数控铣床加工的零件

沈阳机床有限公司生产的 VMC850-E 经济型系列立式加工中心外观及型号的含义如图 1-8 所示。VMC850-E 数控铣削加工中心机床的主要技术参数见表 1-4。

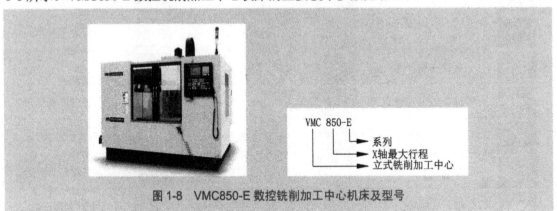

图 1-8 VMC850-E 数控铣削加工中心机床及型号

表 1-4 VMC850-E 数控铣削加工中心机床的技术参数

技术参数及单位	数　值	技术参数及单位	数　值
工作台（长×宽）(mm)	1000×500	X轴、Y轴、Z轴行程（mm）	850、500、540
T 型槽尺寸（mm×个）	18×5	数控系统 FANUC	0i Mate-MD
刀柄型号（mm）	BT40	主轴最大输出扭矩（N·m）	35.8
主轴最高转速（r/min）	50～8000	X轴、Y轴、Z轴快移速度（m/min）	24、24、18
主轴电机功率（kW）	7.5/11	切削进给速度（mm/min）	1～10000

二、数控编程与铣削加工的主要步骤

数控编程是数控加工准备阶段的主要内容，通常包括分析零件图样，确定加工工艺过程；计算走刀轨迹，得出刀位数据；编写数控加工程序；制作控制介质；校对程序及首件试切。它是从零件图纸到获得数控加工程序的全过程。在数控铣削中，对于形状简单的零件一般采用手工编程，本书介绍的就是手工编程的内容。手工编写的程序简练、可读性强、存储器利用率高。对于几何形状复杂的零件，则需借助计算机，利用 CAD（Computer Aided Design，计算机辅助设计）进行零件设计和造型，由操作者定义加工参数和制定加工工艺，利用 CAM（Computer Aided Manufacturing，计算机辅助制造）技术自动生成刀具路径，通过后置处理自动生成加工程序，称为自动编程。常用编程软件有 Master CAM、UG、Catia、Pro/E、Edge CAM 和 CAXA 等。

通常，手工编程工作的内容有：分析零件图纸、制定加工工艺、确定加工路线、选择工艺参数、计算刀位轨迹坐标数据、编写数控加工程序和验证程序等。手工编程的主要步骤如图 1-9 所示。

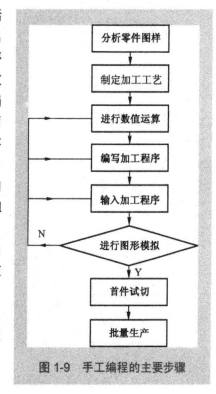

图 1-9　手工编程的主要步骤

三、数控铣床的安全操作规范

（1）上班时必须按要求穿工作服，否则不许进入车间。

（2）禁止带手套操作机床，若留有长发要戴帽子或发网。

（3）所有的实训步骤须在实训教师的指导下进行，未经指导教师同意，不允许开动机床。

（4）机床开动期间，严禁离开工作岗位并做与操作无关的事情。

（5）严禁在车间内嬉戏、打闹；机床开动时，严禁在机床间穿梭。

（6）未经指导教师确认程序正确前，不允许动操作面板上已设置好的"机床锁住"状态键。

（7）压紧螺钉或锁紧螺母，保证工件牢牢地固定在工作台上。

（8）启动机床前应检查是否已将扳手和楔子等工具从机床上拿开。

（9）选择合适的铣削速度及刀具，严格按照实训指导书推荐的速度及刀具进行选择。

（10）数控铣床在运转中绝对禁止变速。变速或换刀必须在保证机床完全停止运转时进行，以防发生事故。加工中心自身带有刀库和换刀装置，能够根据指令自动进行换刀操作。

（11）芯轴插入主轴前，芯轴表面及主轴孔内必须彻底擦拭干净，不得有油污。

任务二 数控铣削的加工工艺

基本技能

一、加工工序卡的编制

数控加工工序卡是编制加工程序的主要依据和操作人员进行数控加工的指导性文件，具体见表 1-5。

表 1-5 工序卡

材 料		产品名称或代号		零件名称		零件图号	
工序号	程序编号	夹具名称		使用设备		车间	
工步号	工步内容	刀具号	刀具规格 ϕ（mm）	主轴转速 n（r/min）	进给量 f（mm/ min）	背吃刀量 a_p（mm）	备注
编制		批准		日期		共1页	第1页

二、刀具卡的编制

刀具卡是操作人员进行数控加工时安装刀具的主要依据，具体见表 1-6。

表 1-6 刀具卡

产品名称或代号		零件名称				零件图号		
刀具号	刀具名称	刀具规格 ϕ（mm）	加工表面	刀具半径补偿号 D	补偿值（mm）	刀具长度补偿号 H	补偿值（mm）	备注
编制		批准		日期			共1页	第1页

三、加工程序单的编制

数控加工程序单是编程工作人员根据工艺分析和数值计算，并按照机床指令代码的特点编制的。它是记录数控加工工艺过程、工艺参数和位移数据等信息的加工程序清单，是手动输入数据并实现数据加工的主要依据，见表 1-7。

表 1-7 程序单

程序号：		
程序段号	程序内容	说　明

四、用平口钳装夹工件的步骤

（1）清洁机床工作台和平口钳的安装表面。

（2）将平口钳放置在工作台的中间位置上，钳口与 X 轴的方向大致平行，稍微拧紧锁紧螺母。

（3）将百分表吸附在主轴上，调整触头，靠近固定钳口。

（4）采用手摇脉冲操作方式，沿 Y 轴的方向移动工作台，使百分表的触头接触固定钳口，指针转动两圈左右，如图 1-10 所示。

（5）沿 X 轴的方向移动工作台，观察指针的跳动情况。调整平口钳的位置，使固定钳口的跳动控制在 0.01mm 之内。

（6）拧紧锁紧螺母，将平口钳紧固在工作台上，如图 1-11 所示。

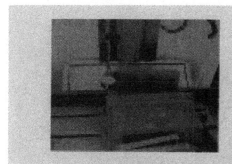
图 1-10 百分表的触头接触钳口

图 1-11 将平口钳锁紧在工作台上

（7）张开平口钳，使钳口略大于工件的宽度。清洁钳口和工件表面，在平口钳的底面上放置等高块后，将工件放入钳口，且工件的基准面与钳口贴紧，如图 1-12 所示。

（8）转动平口钳手柄夹紧工件，同时用铜棒轻微敲击工件，使其与固定钳口的表面贴紧，如图 1-13 所示。

（9）用百分表检查工件的上表面是否上翘，如图 1-14 所示。

图 1-12 将工件放入钳口

图 1-13 调整工件的位置

图 1-14 检查工件是否上翘

（10）装夹完毕，取下百分表。

五、刀具的安装操作

1．将莫氏锥柄的铣刀装夹于莫氏锥度刀柄上

（1）根据刀具的直径和锥柄号选择相应的刀柄。

（2）清洁铣刀锥面和刀柄的内锥孔面。

（3）将刀柄放入卸刀座并卡紧，如图1-15所示。

（4）卸下刀柄拉钉，如图1-16所示。

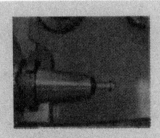

图1-15　将刀柄放入卸刀座并卡紧　　　　图1-16　卸下刀柄拉钉

（5）将铣刀锥柄装入刀柄锥孔中，如图1-17所示。

（6）用六角螺钉从刀柄中锁紧铣刀，如图1-18所示。

图1-17　将铣刀锥柄装入刀柄锥孔中　　　　　图1-18　锁紧铣刀

（7）装上刀柄拉钉并锁紧。

2．将刀具安装到主轴上

（1）清洁刀柄锥面和主轴锥孔面，主轴锥孔可使用主轴专用清洁棒擦拭干净，如图1-19所示。

（2）左手握住刀柄，将刀柄的缺口对准主轴端面键，垂直伸入到主轴内，如图1-20所示。刀柄不可倾斜。

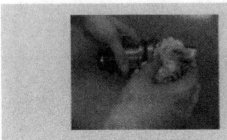

图1-19　清洁刀柄锥面　　　　　　　图1-20　将刀柄安装到主轴上

（3）右手按换刀按钮，压缩空气从主轴内吹出以清洁主轴和刀柄；按住此按钮不放，直到刀柄锥面与主轴锥孔完全贴合，放开换刀按钮，刀柄即被拉紧。

（4）确认刀具确实被拉紧后才能松手。

基 本 知 识

一、零件图及零件加工的工艺分析

1．零件图的工艺性分析

（1）分析图纸尺寸的标注是否方便编程；构成工件轮廓的点、线、面及各几何元素是否充分；零件所要求的加工精度和尺寸公差是否可以保证。

（2）分析零件图中各个圆弧是否可以统一分类，将半径值相同或相近的圆弧分组，以减少换刀次数、减少铣刀的规格。

（3）分析零件图有无统一的基准，以保证两次装夹相对位置的正确性。

（4）根据零件的形状及原材料的热处理状况，分析在加工中哪些部位容易变形，采取哪些工艺措施进行预防，加工后的变形采用什么工艺措施来解决。

2．加工顺序的确定原则

（1）基准面先行：用作精基准的表面应先加工。任何零件的加工过程总是先对定位基准进行粗加工和精加工。例如，轴类零件总是先加工中心孔，再以中心孔为基准加工外圆和端面；箱体类零件总是先加工定位用的平面及两个定位孔，再以平面和定位孔为基准加工孔系和其他平面。

（2）先面后孔：对于箱体、支架等零件，平面尺寸和轮廓较大，用平面定位比较稳定，而且孔的深度尺寸又是以平面为基准的，故应先加工平面，然后加工孔。

（3）先内后外：由于内表面加工散热的条件差，为防止热变形对加工精度的影响，应先安排加工。对于内外轮廓，先进行内轮廓（腔槽）的加工，后加工外轮廓。

（4）先粗后精：当加工零件的精度要求较高时要安排粗加工、半精加工和精加工；如果精度要求更高，最后还要安排光整加工。

（5）先主后次：即先加工主要工作表面和装配基面，能及早发现毛坯中主要表面出现的缺陷。次要表面可穿插进行，放在主要表面加工到一定程度后和最终精加工之前进行。

数控铣削一般采用工序集中的方式，这时的工序顺序就是工序分散时的工序顺序。可以按一般切削加工顺序安排的原则进行，通常按照由简单到复杂的原则，先加工平面、沟槽和孔，再加工内腔和外形，最后加工曲面；先加工精度要求低的表面，再加工精度要求高的部位等。

二、装夹方案的确定

1．定位基准的选择

定位基准分为粗基准和精基准。粗基准的确定直接影响到各加工表面的加工余量分配是否均匀，也影响加工表面和不加工表面间的位置关系。精基准主要考虑如何减小加工误差，保证加工精度。因此，工件的安装力求符合设计基准、工艺基准、安装基准和工件坐标系的基准，即基准统一原则。定位基准应尽量与设计基准重合，以减少定位误差对尺寸精度的影响，即基准重合原则。某些要求加工余量小而均匀的精加工工序选择加工表面本身作为定位基准，即自为基准原则。为使各加工表面之间有较高的位置精度，且各加工表面的加工余量小而均匀，可采用两个表面互为基准反复加工，即互为基准原则。在学校实习加工中，定位基准多选择工件上不需要铣削的平面或孔，尽量在一次安装中加工完所有的加工表面。

2．数控铣床、加工中心对夹具的要求

（1）夹具应具有足够的夹紧力、刚度和强度。

（2）尽量减少夹紧变形。

（3）夹具的定位及夹紧机构不能影响刀具的走刀运动。

（4）装卸方便，辅助时间尽量短。

3．夹具的选择

数控铣床的夹具只要求有简单的定位、夹紧机构即可，但加工部位要敞开。夹具的选择原则如下。

（1）单件或研制新产品，且零件简单时，尽量采用平口钳和三爪卡盘等通用夹具。

（2）小批量加工零件，尽量采用组合夹具、可调式夹具以及其他通用夹具。

（3）成批生产时应考虑采用专用夹具，力求装卸方便。

（4）装卸零件要方便可靠，成批生产时可采用气动夹具、液压夹具和多工位夹具。

数控铣床常用的夹紧工具有平口钳、卡盘和压板等。方正的毛坯适合用平口钳装夹；圆形工件适合用卡盘装夹；不规则的工件使用压板或专用夹具装夹。

4．用平口钳装夹工件

数控铣床常用平口钳装夹工件，先将平口钳固定在工作台上，找正钳口，再把工件装夹在平口钳上，这种方式装夹方便，应用广泛，适合于装夹形状规则的小型工件。在机床上用平口钳装夹工件，如图 1-21 所示。

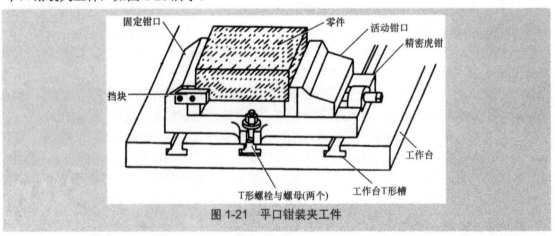

图 1-21　平口钳装夹工件

在将工件在平口钳上装夹时，应注意下列事项。

（1）装夹工件时，必须将工件的基准面紧贴固定钳口或平口钳导轨面；尽量以固定钳口承受铣削力。

（2）工件的铣削加工余量层必须高出钳口，以免铣刀触及钳口，以致损坏钳口和刀具；如果工件低于钳口平面时，可以在工件下面垫放适当厚度的平行垫铁，垫铁应具有合适的尺寸和较小的表面粗糙度值。

（3）工件在平口钳上装夹在钳口中间部位，使工件装夹后稳固、可靠，不致在铣削力的作用下产生移动。

三、铣削刀具的选择

1. 铣削刀具选择的基本要求

（1）刀具的刚性好。

（2）刀具的耐用度高。

2. 铣削刀具的类型

数控铣床上使用的刀具主要为铣刀，包括面铣刀、立铣刀、球头铣刀、三面刃铣刀、环形铣刀等，除此外还有各种孔加工刀具，如中心钻、麻花钻、锪孔钻、扩孔钻、铰刀、镗孔刀和丝锥等。常用刀具如图 1-22 所示。

(a) 立（端）铣刀   (b) 球头铣刀   (c) 面（盘）铣刀

(d) 三面刃铣刀   (e) 钻头   (f) 镗刀

图 1-22　铣削常用刀具

3. 铣削刀具的选择

被加工零件的几何形状是选择刀具类型的主要依据。在加工曲面类零件时，为了保证刀具切削刃与加工轮廓在切削点相切，而避免刀刃与工件轮廓发生干涉，一般采用球头铣刀；轮廓铣削粗加工时用两刃铣刀，半精加工和精加工时可用四刃铣刀；铣削较大的平面时，为了能提高生产效率和在加工时降低表面粗糙度，一般采用刀片镶嵌式盘形铣刀；铣小平面或台阶面时一般采用通用铣刀；铣削键槽时，为了保证槽的尺寸精度，一般用两刃键槽铣刀；加工孔时，可根据实际选用钻头、铰刀、锪刀、丝锥和镗刀等孔加工类刀具。如图 1-23 所示。

刀具直径的选择主要取决于设备的规格和工件的加工尺寸。端面铣刀直径的选择主要考虑刀具所需的功率应在机床功率范围之内，可将机床主轴直径作为选取的依据，端面铣刀直径可按 $D = 1.5d$（d 为主轴直径）选取，在批量生产时也可按工件切削宽度的 1.6 倍选择刀具直径；立铣刀直径的选择主要应考虑工件加工尺寸的要求，如在内轮廓或腔槽的铣削中选择立铣刀时，应注意刀具半径 R 应不大于内轮廓的最小曲率半径，并保证刀具所需的功率在机床额定功率范围以内；小直径立铣刀的选择则主要考虑机床的最高转速能否达到刀具的最低切削速度（硬质合金刀具切削速度为 60m/min）；键槽铣刀的直径和宽度应根据加工工件尺寸予以选择，并保证其切削功率在机床允许的功率范围之内。

图 1-23　根据不同结构形状选择所用的铣削刀具

数控铣削中常用的刀具有端面铣刀、立铣刀、键槽铣刀和球头铣刀等。不同的刀具有着各自的特征和相应的进刀方式，编程时应予以考虑，见表 1-8。

表 1-8　常见的铣削刀具类型及铣削特征

铣 刀 类 型	主 切 削 刃	副 切 削 刃	刀 位 点	工件外下刀	工件内下刀
端面铣刀	圆周切削刃	端部切削刃	端面中心	允许下刀	不允许
立铣刀	圆周切削刃	端部切削刃	端面中心	允许下刀	螺旋下刀
键槽铣刀	圆周切削刃	端部切削刃	端面中心	直接下刀	直接下刀
球头铣刀	不分主副切削刃		球头中心	直接下刀	直接下刀

四、铣削方式和加工路线的确定

1. 铣削方式的确定

数控铣削有顺铣和逆铣两种。顺铣是指铣刀切削的方向与工件的进给方向相同的铣削，常用于精铣时的加工，如图 1-24（a）所示。在数控铣床或加工中心中普遍使用滚珠丝杠，消除了丝杠与滚珠辐间的间隙对顺铣加工的影响，因此顺铣在数控铣削加工中使用较广。但粗加工铸锻件时，由于表面存在硬皮，顺铣时刀齿首先接触硬皮，将加剧刀具的磨损，故而此时以逆铣方式铣削较妥。

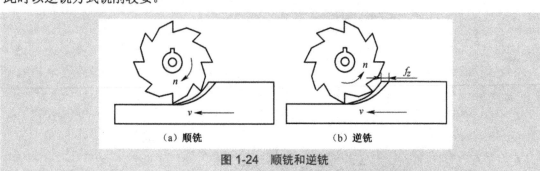

（a）顺铣　　　　　　　　　　　（b）逆铣

图 1-24　顺铣和逆铣

逆铣是指铣刀的切削方向与工件的进给方向相反的铣削。逆铣经常用于工件粗铣时的加工，如图 1-24（b）所示。逆铣时，铣刀的刀刃在接触工件后，将在表面滑行一段距离后才真正切入金属，切屑的厚度从零开始渐增，使得刀刃容易磨损，后刀面磨损加快，从而降低了刀片的耐用度，在加工高合金钢时容易使加工表面硬化，使得表面质量不理想，粗糙度大。同时，铣刀对工件有上抬的切削分力，从而影响工件安装在工作台上的稳固性。

2．加工路线的确定

在数控加工中，从开始运动起直至结束加工为止，刀位点相对于工件的运动轨迹和方向称为加工路线。加工路线包括切削加工的路径及刀具引入和返回等非切削空行程。加工路线的确定首先必须保证被加工零件的尺寸精度和表面质量；其次考虑数值计算简单、走刀路线尽量短和效率较高等因素。例如，在数控铣削（特别在钻孔循环）中，首先，要安排刀具，调用相应的刀长补偿，以 G00 方式快速到达初始平面（安全高度平面）；其次，在 X-Y 平面内快速定位到下刀点；再次，从下刀点快速进给到参考平面（R 平面），以避免刀具与工件发生碰撞事故；然后，以 G01 方式进给到已加工平面，铣削或钻削工件；最后，以 G00 方式返回到初始平面或 R 平面，再返回到换刀点，工件加工完成，如图 1-25 所示。

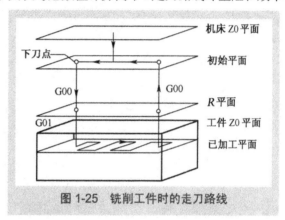

图 1-25　铣削工件时的走刀路线

五、铣削用量的选择

切削用量包括背吃刀量、主轴转速和进给量。在粗加工时以提高生产率为主，兼顾经济性和加工成本为原则选择切削用量；半精加工和精加工时应尽量在保证加工质量的前提下，兼顾切削效率、经济性和加工成本来选择切削用量。

1．背吃刀量 a_p（单位为 mm）

背吃刀量需要根据机床、工件和刀具的刚度来决定。在刚度允许的条件下，应尽可能增大背吃刀量，这样可以减少走刀次数，提高生产效率。但在学校实习中，为保证安全，背吃刀量一般不超过刀具半径的 1/6。粗铣中为了保证加工表面的质量，可留 0.2～0.5mm 的精加工余量。例如，对于 ϕ10mm 的立铣刀，粗加工时端面背吃刀量一般不大于 2mm；精加工余量一般取 0.2～0.5mm。

2．主轴转速 n（单位为 r/min）

主轴转速应根据毛坯材料与刀具所允许的切削速度（v）和刀具的直径（D）来选择，计算公式为：$n=1000v/\pi D$。

计算的主轴转速 n 要根据机床说明书来选取机床具有的转速或比较接近的转速。在实际的应用中还要考虑到刀具的材料和机床的刚度等因素。

3．进给量 f（单位为 mm/min）

进给量 f 指单位时间内工件与铣刀沿进给方向的相对位移，是数控机床切削用量中的重要参数。进给量 f 主要根据零件的加工精度和表面粗糙度，以及刀具和工件的材料性质来选取。为提高工作效率可尽量选择较大的进给量，而最大进给量受机床刚度和进给系统的性能限制。在轮廓加工中，在接近拐角处应适当降低进给量，以克服由于惯性或系统变形在轮廓拐角处造成"超程"或"欠程"现象。进给量的选择可以参考如下公式

$$f=nf_r=nzf_z \tag{6-1}$$

式中 n——主轴转速，单位为 r/min；

f_r——每转进给量，单位为 mm/r；

z——铣刀齿数；

f_z——每齿进给量，单位为 mm/z。

每齿进给量 f_z 的选用主要取决于工件材料和刀具材料的机械性能、工件表面粗糙度等因素。当工件材料的强度和硬度高、工件表面粗糙度的要求高、工件刚性差或刀具强度低时 f 值要取小一些。硬质合金铣刀的每齿进给量高于同类高速钢铣刀的选用值，使用中需查表选用。

确定进给量的原则如下。

（1）当工件的质量要求能够得到保证时，为提高生产效率，可选择较高的进给量，一般在 100～200mm/min 范围内选取。

（2）在切断、加工深孔或用高速钢刀具加工时，宜选择较低的进给量，一般在 20～50mm/min 范围内选取。

（3）当加工精度和表面粗糙度要求高时进给量应选小一些，一般在 20～50mm/min 范围内选取。

（4）刀具空行程时，特别是远距离"回零"时，可选择该机床数控系统给定的最高进给量。

在工厂的实际生产过程中，切削用量一般根据经验并通过查表的方式来选取。常用的碳素钢件或铸铁件材料（150～300HB）切削用量的推荐值见表 1-9。

表 1-9　常用的钢件材料切削用量的推荐值

刀 具 名 称	刀 具 材 料	切削速度（m/min）	每转进给量（mm/r）	背吃刀量（mm）	铣削宽度（mm）
中心钻	高速钢	20～40	0.05～0.1	—	0.5D
标准麻花钻	高速钢	20～40	0.15～0.25	—	0.5D
	硬质合金	40～60	0.05～0.2		0.5D
扩孔钻	硬质合金	45～90	0.05～0.4	—	≤2.5
机用铰刀	硬质合金	6～12	0.3～1	0.1～0.3	—
机用丝锥	硬质合金	6～12	P	—	0.5D
粗镗刀	硬质合金	80～250	0.1～0.5	0.5～2.0	—
精镗刀	硬质合金	80～250	0.05～0.3	0.3～1	—
立铣刀或键槽铣刀	硬质合金	80～250	0.1～0.4	1.5～3	0.7D～D
	高速钢	20～40	0.1～0.4	≤0.8D	0.7D～D
盘铣刀	硬质合金	80～250	0.5～1	1.5～3	0.6D～0.8D
球头铣刀	硬质合金	80～250	0.2～0.6	0.1～1	—
	高速钢	20～40	0.1～0.4	0.1～1	—

注：D 为刀具的直径。

任务三 数控铣床中的坐标系

基 本 技 能

一、对刀与建立工件坐标系

1. 试切对刀，建立工件坐标系

（1）装夹工件并找正。

（2）安装立铣刀。

（3）开启主轴正转，转速 300r/min 左右。

（4）X 方向对刀方法如下。

① 在手轮模式中，移动主轴使立铣刀从-X 方向碰工件，并将此时的机床相对坐标清零。

② 在手轮模式中，移动主轴使立铣刀从+X 方向碰工件，并记下此时的机床相对坐标 X。

③ 在手轮模式中，移动主轴到相对坐标 X/2，即工件 X 方向的中点。

④ 在综合坐标界面上读得此时的机械坐标 X 值。

⑤ 沿路径"OFS/SET/坐标系"打开工件坐标系设定界面，将该机械坐标 X 值输入到番号 01 组 G54 的 X 坐标偏置值中，如图 1-26 所示。

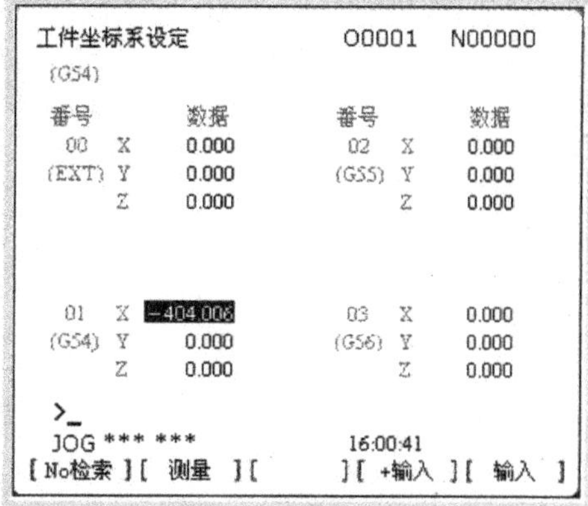

（5）Y 方向对刀方法如下。

① 在手轮模式中，移动主轴使立铣刀从-Y 方向碰工件，并将此时的机床相对坐标清零。

② 在手轮模式中，移动主轴使立铣刀从+Y 方向碰工件，并记下此时的机床相对坐标 Y。

③ 在手轮模式中，移动主轴到相对坐标 Y/2，即工件 Y 方向的中点。

④ 在综合坐标界面上读得此时的机械坐标 Y 值。

⑤ 沿路径"OFS/SET/坐标系"打开工件坐标系设定界面，将该机械坐标 Y 值输入到番号 01 组 G54 的 Y 坐标偏置值中。

```
工件坐标系设定          O0001  N00000
 (G54)

番号      数据        番号       数据
 00   X  0.000       02   X   0.000
(EXT)  Y  0.000      (G55) Y   0.000
       Z  0.000            Z   0.000


 01   X  -404.008    03   X   0.000
(G54)  Y  0.000      (G56) Y   0.000
       Z  0.000            Z   0.000

>_
JOG *** ***              16:00:41
[ No检索 ][ 测量 ][      ][ +输入 ][ 输入 ]
```

图 1-26 工件坐标系的设定界面

（6）Z 方向对刀方法如下。

① 在手轮模式中，移动主轴使立铣刀从+Z 方向碰工件，并在综合坐标界面上读得此时的机械坐标 Z 值。

② 沿路径"OFS/SET/坐标系"打开工件坐标系设定界面，将该值输入到番号 01 组 G54 的 Z 坐标偏置值中。

对刀完毕，在程序中通过 G54 指令调用工件坐标系。试切对刀过程如图 1-27 所示。

2. G54 设定工件坐标系的原理

工件零点偏置 G54 就是机床零点 M 到工件零点 W 的偏置距离。在试切对刀时，需要考虑到试切对刀所用刀具的实际长度。试切对刀本质上就是找到机床回零时刀具零点 N 到工件

坐标系原点 W 的坐标偏置值，如图 1-28 所示。通过 MDI 面板将该组数值输入到 G54 中，在程序中就可以通过 G54 指令来调用该工件坐标系了。工件坐标系 Z 方向的偏置值也可以理解为：机床零点 M 到工件坐标系原点 W 的坐标偏置与刀具长度补偿（M 到 N 的长度）的叠加值。试切对刀所用的刀具称作基准刀。该刀的刀长补偿值为零。当我们使用其他刀具铣削加工时，只需找到其相对于与基准刀在 Z 方向长度上的差值，并将该值作为该刀具的长度补偿值输入到其相应的长度补偿号 H 中即可。使用时在程序中通过长度补偿指令 G43 或 G44 来调用该补偿值。

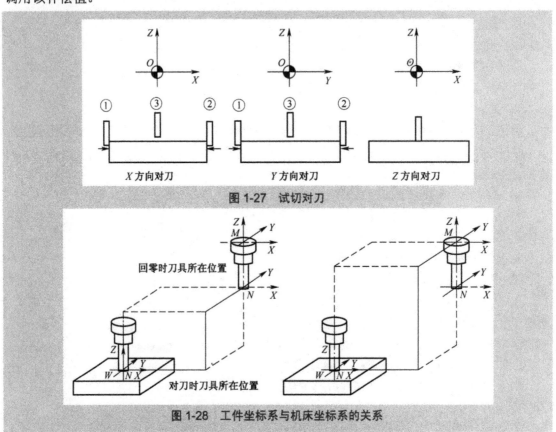

图 1-27　试切对刀

图 1-28　工件坐标系与机床坐标系的关系

二、验证工件坐标系

对刀后可在 MDI 模式下验证对刀的效果，步骤如下。

（1）试切对刀操作。

（2）在 MDI 模式下输入下面的参考程序：

G54;（调用工件坐标系）

S300 M03;（开启主轴）

G00 X0 Y0 Z5;（快速定位到工件上底面上方 5mm 的地方）

M99;（程序结束）

（3）在 MDI 手动输入数据模式下，按下"循环启动"按钮。刀具的刀位点应快速定位到工件上底面上方 5mm 的地方，如图 1-29 所示。

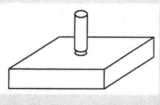

图 1-29 验证对刀效果示意图

注意：时刻观察刀位点的运动轨迹，右手适时调整进给倍率旋钮，以确保操作安全。

基 本 知 识

一、认识机床坐标系

在数控机床上加工零件，机床的动作是由数控系统发出的指令来控制的。为了确定机床上刀具的运动方向和移动距离，必须首先在机床上建立一个坐标系，这个坐标系就称作机床坐标系。机床坐标系是以机床零点为原点建立起来的右手笛卡尔直角坐标系。

在数控铣削中，无论是刀具运动或是工作台运动，反映在数控编程时，总是依据刀具相对于静止的工件而运动的原则，以产生切削力的轴线为 Z 坐标轴，且以刀具远离工件的方向为正方向。因此，在立式数控铣床中，首先可以确定竖直向上的方向为 Z 轴的正方向，而 X 轴一般平行于工件装夹面，根据右手笛卡尔直角坐标系不难确定 X 轴和 Y 轴的正方向。站在操作者的位置上，主轴上下运动的方向即为 Z 轴的方向，工作台横向进给的方向即为 X 轴的方向，工作台纵向进给的方向即为 Y 轴的方向，如图 1-30 所示。但是，实际的机床中运动部件的运动方向与机床的结构相关，机床不同的运动结构就导致其进给运动部件有不同的运动方向。这一点对手动操作机床有重要的意义。

有的机床具有四轴或五轴联动功能，例如，带有回转工作台的数控铣床除了可以沿 3 个坐标轴运动，还可以绕某个轴旋转一定的角度或者联动。围绕 X 轴、Y 轴和 Z 轴旋转的 3 个轴分别被命名为 A 轴、B 轴和 C 轴，旋转轴的正方向根据右手螺旋法则判断。用右手握住坐标轴，大拇指的指向与坐标轴的方向一致，弯曲四指的指向即为旋转轴的方向，如图 1-31 所示。

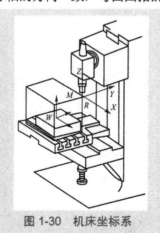

图 1-30 机床坐标系

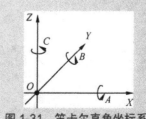

图 1-31 笛卡尔直角坐标系

机床坐标系的原点（即机床零点 M）在机床装配、调试时已经确定，是数控机床加工运动的基准参考点，一般不允许随意变动。没有带有绝对位置编码器的数控铣床开机时，必须先确定机床原点。机床上电后通过回参考点操作（参考点为机床零点时称为回零）建立机床坐标系。机床坐标系的原点一般设置在 X 轴、Y 轴和 Z 轴正方向的最大行程处，数控铣床的坐标系原点一般设在主轴孔端面的中心。机床坐标系设定后就一直保持不变，直到系统下电。

二、认识工件坐标系

工件坐标系是编程人员根据零件样图及加工工艺等建立的坐标系，是编程时的坐标依据。工件坐标系中坐标轴的方向与机床坐标系平行。工件坐标系的原点（即工件零点 W）可以根据工件的特点设置在工件上或与工件有确定关系的工件外。工件零点的选择遵循以下原则。

（1）工件零点应尽量选择在零件的设计基准或工艺基准上。

（2）工件零点尽量选择在便于对刀的地方。

工件坐标系一旦确定，图纸中各个基点和节点的坐标数值也被唯一确定下来。因此，根据加工工件轮廓的特点，选择相应的工件零点显得十分重要。选择合适的工件零点，可以减少相应的坐标运算，简化加工程序。对于长方体的毛坯，一般将工件坐标系的原点设定在工件的上底面的几何对称中心上或某个顶点上，也可以设置在工件下底面上的某一个特征点上。

由于工件坐标系与机床坐标系的坐标轴的方向平行，通过坐标平移便可以确定工件零点在机床坐标系中的位置，如图 1-32 所示。将机床零点到工件零点的距离测量出来并分别输入到 G54 的偏置坐标 X、Y 和 Z 中，在程序中便可以通过 G54 来调用相应的工件坐标系了。

三、对刀点、换刀点和刀位点的确定

1. 对刀点的确定

对刀点是工件在机床上找正并装夹后，用于确定工件坐标系在机床坐标系中位置的基准点，也是刀具相对工件运动的起点，故又称为程序原点或程序起点（起刀点）。对刀点的选择原则如下。

（1）应尽量选在零件的设计基准或工艺基准上，如以孔定位的零件，应以孔中心作为对刀点。

（2）对刀点应选在对刀方便的位置，便于观察和检测。

（3）应便于坐标值的计算，如对刀点选在绝对坐标系的原点或已知坐标值的点上。

（4）使加工程序中刀具引入（或返回）的路线短且便于换刀。

对刀点可选在零件上，一般设置在上底面的几何中心点、顶点或圆孔的中心点上；对刀点也可选在夹具或机床上。对刀点若选在夹具或机床上，则必须与工件的定位基准有一定的尺寸联系，如图 1-33 所示。

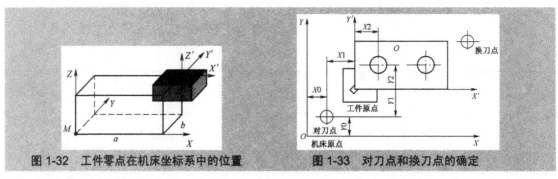

图 1-32　工件零点在机床坐标系中的位置　　　图 1-33　对刀点和换刀点的确定

2. 换刀点的确定

数控铣床和加工中心等多刀加工数控机床因加工过程中要换刀，故编程时应考虑不同工序间的换刀位置并设置换刀点。换刀点的设置应保证换刀时刀具与工件及夹具不能发生干涉。换刀点应设在工件外合适的位置上。现在的加工中心一般不必考虑换刀点，机床出厂时已设置好换刀点的位置，通过换刀指令刀具自动返回换刀点自动换刀，如图1-33所示。

3. 刀位点的确定

不同刀具的刀位点是不同的，对刀时应注意，如图1-34所示。

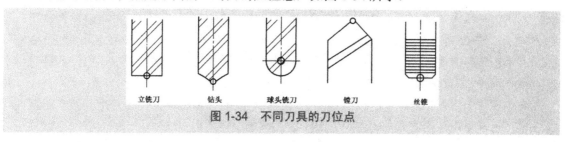

立铣刀　　钻头　　球头铣刀　　镗刀　　丝锥

图1-34　不同刀具的刀位点

4. 对刀

对刀就是调整每把刀的刀位点，使其尽量重合于某个理想的基准点（即对刀点）。通过对刀操作，不仅可以将对刀点在机床坐标系的位置确定下来，也可以确定其他刀具相对于基准刀具的长度补偿值。对刀是数控加工中的重要操作，对刀的准确程度直接影响加工精度。对刀的方法很多，有机外对刀仪对刀、刀具试切对刀、寻边器对刀、杠杆百分表对刀和 Z 轴设定器对刀等。

项目知识拓展——东芝事件

1987年5月27日，日本警视厅逮捕了日本东芝机械公司铸造部部长林隆二和机床事业部部长谷村弘明。东芝机械公司曾与挪威康士堡公司合谋，非法向苏联出口大型铣床等高技术产品，林隆二和谷村弘明被指控在这起高科技走私案中负有直接责任。此案引起国际舆论一片哗然，这就是冷战期间对西方国家安全危害最大的军用敏感高科技走私案件之一——东芝事件。

20世纪60年代末，苏联情报机关在美国海军机要部门建立的间谍网不断获得美国核潜艇跟踪苏联潜艇的情报。苏联潜艇的噪声很大，美国海军在200海里以外就能侦测到，苏军如果不能及早消除潜艇噪声，不管建造多少潜艇，打起仗来，它们都逃脱不了"折戟沉沙"的命运。要消除潜艇噪声，必须制造出先进的螺旋桨，而这必须要有计算机控制的高精度机床才行。高性能的机床是"巴黎统筹委员会"（由北约国家和日本等15国组成）严格限制的产品，该委员会明文规定，具有三轴以上的数控机床属战略物资，禁止向苏联、东欧等共产主义国家出口。为了改变本国潜艇面临的危险局面，苏共中央政治局指示，要不惜一切代价从西方国家获取精密加工方面的高新技术。

1979年年底，苏联克格勃经过精心策划终于找到了机会。克格勃高级官员奥西波夫以全苏技术机械进口公司副总经理的身份，通过日本和光贸易股份公司驻莫斯科事务所所长熊谷独与日本伊藤忠商社、东芝公司和挪威康士堡公司接上了头。在巨大的商业利益的诱惑下，东芝公司和康士堡公司同意向苏联提供四台 MBP-110S 型九轴数控大型船用螺旋桨铣床，此项合同成交额达37亿日元。这种高约10米、宽22米、重250吨的铣床，可以精确地加工出巨大的螺旋桨，使潜艇推进器发出的噪声大大降低。

为了掩人耳目，苏联没有向日本订购与九轴铣床相配套的计算机控制系统，而是要求挪威国营武器制造公司——康士堡贸易公司向东芝公司提供四台 NC-2000 数字控制装置，由东芝公司完成总装后，出口苏联。苏联为此还与康士堡公司单独签订了秘密合同。这种数控装置通常与不受"巴统"限制的两轴机床配套使用，但是只要改变一下配线和电路，就可作为九轴机床的数控装置。

苏、日秘密协议签字一个月后，东芝公司即向日本通产省申领向苏联出口的许可证。申领书隐瞒了九轴机床的高性能，伪称产品是用于加工水力发电机叶片的简易 TDP-70/110 型两轴机床，从而获得了通产省的出口许可证。这四台精密机床顺利到达苏联并很快发挥作用。到 1985 年，苏联制造出的新型潜艇噪声仅相当于原来潜艇的 10%，使美国海军只能在 20 海里以内才能侦测出来。1986 年 10 月，一艘美国核潜艇因为没有侦测到它正在追踪的苏联潜艇的噪声而与苏联潜艇相撞。

这次事件的后果非常严重。在日本东芝公司的帮助下，苏联海军舰艇开始具有了逃避美国海军"火眼金睛"的能力。北约和美国在这件事情上结结实实地栽了一个大跟头，此后进一步加强了对敏感设备和技术出口的监督和管制。俄罗斯的基洛潜艇被称为"大洋黑洞"。在过去十年，美国海军可以举出多个现代柴电潜艇对美国舰只构成严重威胁的例子。法国的"鲉鱼"级潜艇、德制 209 型潜艇、瑞典科林斯潜艇（南非、智利和澳大利亚都分别装备了这些潜艇）都曾潜航至可对航母实施模拟鱼雷攻击的阵位。在 1982 年的马岛战争中，阿根廷的一艘德制 209 型潜艇曾成功地逃过英国舰队长达一个月的追杀。目前 40 多个国家共拥有 300 艘静音柴电潜艇，大多数国家要么是美国的盟国，要么使用着一些老式的高噪声柴电潜艇，但朝鲜和伊朗都正从俄罗斯过去几十年所取得的技术突破中获益。

项目评价

一、练习题

1. 数控铣床主要用于_____、_____、_____、_____和_____类零件的加工，通过程序自动完成_____、_____、_____和_____等的铣削加工，也可以进行钻孔、扩孔、铰孔和攻螺纹等加工操作。

2. CRT/MDI 面板有_____键、_____键、_____键、_____键、_____键、_____键、_____键和_____键构成。

3. 切削用量是指_____、_____和_____。主轴转速的计算公式为_____。

4. 解释你所使用数控铣床型号中各代码的含义。

5. 数控铣床的主要功能是什么？同普通铣床相比有什么加工特点？

6. 数控铣床一般由哪几部分组成？各有何作用？

7. 数控铣削中使用的刀具有什么要求？

8. 为什么数控铣床经常使用标准的可转位机夹刀？

9. 思考从主轴上卸下刀具时应注意什么问题？

10. 确定加工顺序的原则是什么？

11. 为什么在数控铣削加工中要划分粗加工和精加工阶段？

12. 编程中为什么要先确定起刀点和换刀点？确定换刀点的原则是什么？

13. 确定进给量的原则是什么？

14. 常用的对刀方法有哪些？

15. 选择对刀点的原则是什么？

16. 数控铣床的机床坐标系是怎样规定的？

17. 工件坐标系与机床坐标系有什么关系？

18. 设定工件坐标系的原则是什么？

19. 在试切对刀中，如果将对刀点设在上底面的几何中心，能否利用沿$-X$轴和$+X$轴方向碰工件时得到的机械坐标算出平均值，并将该值作为X轴方向的坐标偏置值输入到G54的X坐标偏置中去？

20. 如果将工件上底面的一个顶点作为工件坐标系的原点，怎样进行对刀？

二、技能训练

1. 练习安装刀具，装夹工件，并找正。

2. 练习操作试切对刀，并在MDI方式下验证对刀效果。

三、项目评价评分表

1. 个人知识和技能评价

评价项目	项目评价内容	分值	自我评价	小组评价	教师评价	得分
项目理论知识	① 数控车床的功能及型号	5				
	② 数控编程的主要步骤	5				
	③ 确定加工顺序和走刀路线	5				
	④ 车削刀具的选择	5				
	⑤ 切削用量的选择	5				
项目实操技能	① 数控机床主要硬件及功能	5				
	② MDI面板上各按键的作用	10				
	③ 工序卡的编制	5				
	④ 刀具卡的编制	5				
	⑤ 程序单的编制	5				
	⑥ 试切对刀操作	10				
安全文明生产	① 正确开、关机床	5				
	② 工具、量具的使用及放置	5				
	③ 机床维护和安全用电	5				
	④ 卫生保持及机床复位	5				
职业素质培养	① 出勤情况	5				
	② 车间纪律	5				
	③ 团队协作精神	5				
合计总分						

2．小组学习活动评价表

班级：_____ 小组编号：_____ 成绩：_____

评价项目	评价内容及评价分值			学员自评	同学互评	教师评分
分工合作	优秀（12～15分）	良好（9～11分）	继续努力（9分以下）			
	小组成员分工明确，任务分配合理，有小组分工职责明细表	小组成员分工较明确,任务分配较合理,有小组分工职责明细表	小组成员分工不明确,任务分配不合理,无小组分工职责明细表			
获取与项目有关质量、市场、环保等内容的信息	优秀（12～15分）	良好（9～11分）	继续努力（9分以下）			
	能使用适当的搜索引擎从网络等多种渠道获取信息，并合理地选择信息、使用信息	能从网络获取信息，并较合理地选择信息、使用信息	能从网络或其他渠道获取信息，但信息选择不正确，信息使用不恰当			
实操技能操作情况	优秀（16～20分）	良好（12～15分）	继续努力（12分以下）			
	能按技能目标要求规范完成每项实操任务，能正确分析机床可能出现的报警信息，并对显示故障能迅速排除	能按技能目标要求规范完成每项实操任务，但仅能部分正确分析机床可能出现的报警信息，并对显示故障能迅速排除	能按技能目标要求完成每项实操任务，但规范性不够。不能正确分析机床可能出现的报警信息，不能迅速排除显示故障			
基本知识分析讨论	优秀（16～20分）	良好（12～15分）	继续努力（12分以下）			
	讨论热烈、各抒己见，概念准确、原理思路清晰、理解透彻，逻辑性强，并有自己的见解	讨论没有间断、各抒己见，分析有理有据，思路基本清晰	讨论能够展开，分析有间断，思路不清晰，理解不够透彻			
成果展示	优秀（24～30分）	良好（18～23分）	继续努力（18分以下）			
	能很好地理解项目的任务要求，成果展示逻辑性强，熟练利用信息技术平台进行成果展示	能较好地理解项目的任务要求，成果展示逻辑性较强，能较熟练利用信息技术平台进行成果展示	基本理解项目的任务要求，成果展示停留在书面和口头表达，不能熟练利用信息技术平台进行成果展示			
合计总分						

>>>> 项目小结 <<<<

❶ 数控铣床（或铣削加工中心）的硬件结构

数控铣床一般由数控系统、主传动系统、进给伺服系统和冷却润滑系统等几大部分组成。机床基础件指床身、底座、立柱、横梁、滑座和工作台等，它是整个机床的基础和框架。数控铣床具有加工适应性强、能完成复杂型面的铣削、加工精度高、质量稳定、生产效率高、操作劳动强度低等特点。因此，数控铣床特别适合于形状复杂、尺寸精密、小批量和多变的零件的加工。

❷ 数控铣削的加工工艺

确定加工工艺，是手工编程的一个重要的环节。在分析零件图样的基础上，确定加工所需要的数控车床、工装、刀具及切削用量，根据零件结构和毛坯尺寸确定加工路线等。数控铣削一般采用工序集中的方式，这时的工序顺序就是工序分散时的工序顺序。可以按一般切削加工顺序安排的原则进行，通常按照由简单到复杂的原则，先加工平面、沟槽和孔，再加工内腔和外形，最后加工曲面；先加工精度要求低的表面，再加工精度要求高的部位。

❸ 数控机床中的坐标系

数控机床的机床坐标系是建立工件坐标系的基础，也是机床调试和加工时的基准。工件坐标系是为编写程序而在图纸上适当位置选定一个编程原点而建立的坐标系。机床坐标系和工件坐标系都是右手笛卡儿直角坐标系，通过对刀操作可以找到工件原点在机床坐标系的位置偏移，从而正确加工出工件。

项目二

沟槽的铣削

在盘类、箱类和轴类工件中经常遇到沟槽的加工。常见的沟槽有直槽、圆弧槽、燕尾槽、T 形槽和键槽等，如图 2-1 所示。这些沟槽都可以通过数控铣床进行加工。

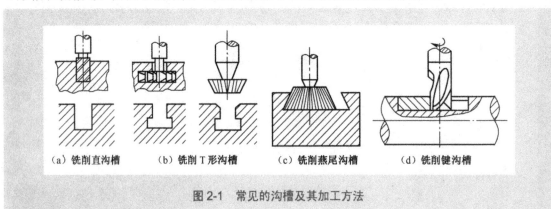

| (a) 铣削直沟槽 | (b) 铣削 T 形沟槽 | (c) 铣削燕尾沟槽 | (d) 铣削键沟槽 |

图 2-1　常见的沟槽及其加工方法

	学 习 目 标	学 习 方 式	学 时
技能目标	铣削直线沟槽、圆弧沟槽、燕尾沟槽等	机床实践操作	30
知识目标	① 理解 G00、G01、G54、G90、G91、G94 和 G95 指令并正确使用； ② 理解 G02、G03、G17、G18、G19、G20 和 G21 指令并正确使用； ③ 理解 T、M06、H、G43、G44 和 G49 指令并正确使用； ④ 掌握试切对刀的方法	理论学习，仿真软件演示，上机操作练习	9
情感目标	建立自信，增强热爱祖国的情感，端正工作态度，培养合作、协调的能力，能收集、处理、保存各类专业技术的信息资料	在活动中建立掌握数控技术的自信	

目任务分析

沟槽的铣削是数控车削的基础。通过直线槽、圆弧槽的铣削可以掌握快速定位 G00、直线插补 G01 和圆弧插补指令 G02、G03 的使用方法，同时掌握一把刀的对刀方法。通过燕尾槽的铣削可以熟练掌握多把刀的对刀方法，以及使用刀具长度补偿指令 G43 调用所用刀具的长度补偿值，实现多工序加工。

目基本功

任务一 直线沟槽的铣削

基本技能

现有一毛坯为六面已经加工过的 100mm×100mm×20mm 的塑料板，试铣削成如图 2-2 所示的零件。

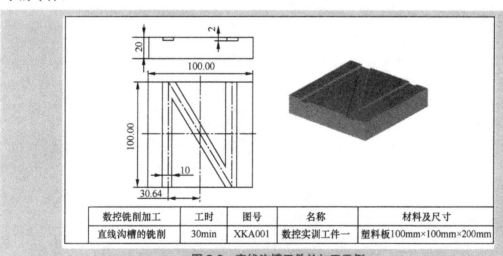

数控铣削加工	工时	图号	名称	材料及尺寸
直线沟槽的铣削	30min	XKA001	数控实训工件一	塑料板100mm×100mm×200mm

图 2-2 直线沟槽工件的加工示例

一、分析加工工艺

1．零件图和毛坯的工艺分析

（1）直线沟槽中心线由"N"形的直线组成，沟槽宽 10mm、深 2mm。

（2）直沟槽直接与零件外相通。

2．确定装夹方式和加工方案

（1）装夹方式：采用机用平口钳装夹，底部用等高垫块垫起，使加工面高于钳口 5mm 以上。

（2）加工方案：一次装夹完成所有内容的加工。

3．选择刀具

选择使用 ϕ10mm 的立铣刀。

4．确定加工顺序和走刀路线

（1）建立工件坐标系的原点：设在工件上底面的对称中心，如图 2-3 所示。

（2）确定起刀点：设在工件上底面对称中心的上方 100mm 处。

（3）确定下刀点：设在 a 点上方 100mm（X-30.64 Y-60 Z100）处。

（4）确定走刀路线：$O{\rightarrow}a{\rightarrow}b{\rightarrow}c{\rightarrow}d{\rightarrow}O$，如图 2-3 所示。

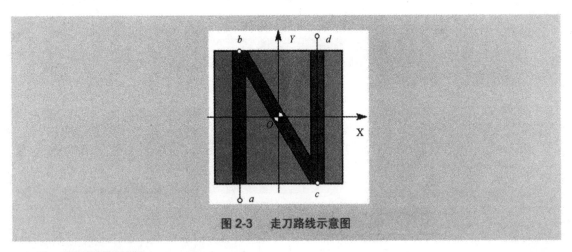

图 2-3　走刀路线示意图

5．选定切削用量

（1）背吃刀量：a_p=2mm。

（2）主轴转速：$n=1000v/\pi D=955\approx900$r/min（$v$=30m/min）。

（3）进给量：$f=nzf_z=180\approx150$mm/min（n=900r/min，z=4，f_z=0.05mm/z）。

二、编写加工技术文件

1．工序卡（见表 2-1）

表 2-1　数控实训工件一的工序卡

材　料	塑料板	产品名称或代号	零件名称	零件图号
		N001	直线沟槽	XKA001
工序号	程序编号	夹具名称	使用设备	车间
0001	O0001	机用平口钳	VMC 850-E	数控车间

工步号	工步内容	刀具号	刀具规格 ϕ（mm）	主轴转速 n（r/min）	进给量 f（mm/min）	背吃刀量 a_p（mm）	备注
1	铣沟槽		ϕ10mm 的立铣刀	900	150	2	自动 O0001
编制		批准		日期		共 1 页	第 1 页

2．刀具卡（见表 2-2）

表 2-2　数控实训工件一的刀具卡

产品名称或代号	N001		零件名称	菱 形 沟 槽		零 件 图 号		XKA001
刀具号	刀具名称	刀具规格 ϕ（mm）	加工表面	刀具半径补偿号 D	补偿值（mm）	刀具长度补偿号 H	补偿值（mm）	备注
	立铣刀	10	直沟槽					基准刀
编制		批准		日期		共 1 页		第 1 页

3．编写参考程序（毛坯 100mm×100mm×20mm）

（1）计算节点坐标（见表 2-3）。

表 2-3　节点坐标

节　点	X 坐 标 值	Y 坐 标 值	节　点	X 坐 标 值	Y 坐 标 值
a	−30.64	−60	d	−30.64	50
b	−30.64	50	O	0	0
c	30.64	−50			

（2）编制加工程序（见表 2-4）。

表 2-4　数控实训工件一的参考程序

程序号：O0001			
程 序 段 号	程 序 内 容		说　明
N10	G54 G90 G94;		调用工件坐标系，绝对坐标编程
N20	S900 M03;		开启主轴
N30	G00 Z100;		将刀具快速定位到初始平面
N40	X−30.64 Y−60;		快速定位到下刀点
N50	Z5;		快速定位到 R 平面
N60	G01 Z−2 F150;		进刀到 a 点
N80	X−30.64 Y50;	G91 Y110;	铣削工件到 b 点
N90	X30.64 Y−50;	X61.28 Y−100;	铣削工件到 c 点
N100	X30.64 Y60;	G90 Y60;	铣削工件到 d 点

续表 2-4

程序号：O0001		
程 序 段 号	程 序 内 容	说　　明
N130	G00 Z100；	快速返回到初始平面
N140	X0 Y0；	返回工件原点
N150	M05；	主轴停止
N160	M30；	程序结束

三、加工工件

（1）在工作台上安装平口钳，主轴上安装百分表，对固定钳口找正后固定平口钳。

（2）底部用等高垫块垫起，将工件的装夹基准面贴紧平口钳的固定钳口，找正后夹紧。

（3）在主轴上安装ϕ10mm 的立铣刀。

（4）对刀，设定工件坐标系 G54。

（5）在编辑模式下输入并编程程序；编辑完毕，将光标移动至程序的开始处。

（6）将工件坐标系 G54 的 Z 值朝正方向平移 50mm，将机床置于自动运行模式，按下启动运行键，控制进给倍率，检验刀具的运动是否正确。

（7）把工件坐标系 Z 值恢复为原值，将机床置于自动运行模式，按下"单步"按钮，将倍率旋钮置于 10%，按下"循环启动"按钮。

（8）用眼睛观察刀位点的运动轨迹，根据需要调整进给倍率旋钮，右手控制"循环启动"和"进给保持"按钮。

注意：程序自动运行前必须将光标调整到程序的开头处。

基 本 知 识

一、程序的结构

对于功能较强的数控系统，加工程序分为主程序和子程序。无论是主程序还是子程序，每一个程序都由程序名、程序内容和程序结束 3 部分构成，如表 2-5 所示。

表 2-5　程序的结构

程 序 名	O2011	O2012
程序内容	N10 G90 G21 G40 G80；	N10 G91 G83 Y12.0 Z-12.0 R3.0 Q3.0 F200；
	N20……；	N20 X12.0 K9；
	N30 M98 P2012；	N30……；
	N40……；	N40 M98 P2013；
	N50……；	N50……；
程序结束	N60 M30；	N60 M99；

二、程序段的格式

一个程序段有若干个程序字组成，每一个程序字都有地址符和数字符两部分组成。在一个程序段中，程序字一般要求按照一定的顺序排列。

/ N_ G_ X_ Y_ Z_ I_ J_ K_ P_ Q_ R_ A_ B_ C_ F_ S_ T_ M_ ；

并非所有的程序段都需要有完整的程序字构成。具有续效性的程序字，可以在下一个程序段中省略不写。"/"为跳步符号，当MDI面板上的"跳步"按钮被选中时，程序中带有"/"的程序段被忽略跳过，不予执行。表示地址的英文字母的含义见表2-6。

表2-6　地址中英文字母的含义表

地址	功能	含义	地址	功能	含义
A	坐标字	绕X轴旋转的绝对坐标值	N	顺序号	程序段的顺序号
B	坐标字	绕Y轴旋转的绝对坐标值	O	程序号	主程序及子程序的程序号
C	坐标字	绕Z轴旋转的绝对坐标值	P		暂停时间或程序中某功能开始使用的顺序号
D	刀具半径补偿号	刀具半径补偿号的指定	Q		固定循环的终止段号或固定循环中的定距
E		第二进给功能	R	坐标字	固定循环中指定的距离或指定的圆弧半径
F	进给速度	进给速度指令	S	主轴功能	主轴转速指令
G	准备功能	动作方式指令	T	刀具功能	刀具功能指令
H	刀具长度补偿号	刀具长度补偿号的指定	U	坐标字	与X轴平行的附加轴增量坐标值
I	坐标字	圆弧中心相对于圆弧起点的X轴向增量	V	坐标字	与Y轴平行的附加轴增量坐标值
J	坐标字	圆弧中心相对于圆弧起点的Y轴向增量	W	坐标字	与Z轴平行的附加轴增量坐标值
K	坐标字	圆弧中心相对于圆弧起点的Z轴向增量或钻孔循环重复次数	X	坐标字	X轴的绝对坐标值或暂停时间
L	重复次数	固定循环及子程序的重复次数	Y	坐标字	Y轴的绝对坐标值
M	辅助功能	机床开/关指令	Z	坐标字	Z轴的绝对坐标值

1. 工件坐标系选择指令 G54～G59

指令格式：G54；

说明如下。

（1）此类代码可以把机床零点偏置至工件零点，用于设定工件坐标系，如图2-4所示。

（2）电源接通后，系统自动选择G54。

（3）由G54～G59设定的工件坐标系可以由机床坐标系指令G53予以取消，恢复为机床坐标系。

2. 快速定位指令 G00

指令格式：G90 G00 X___ Y___ Z___；

G91 G00 X___ Y___ Z___；

说明如下。

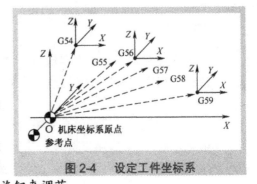

图2-4　设定工件坐标系

（1）G00 指令用于刀具加工前的快速定位或加工后的快速退刀，不能用于加工工件。

（2）G00 指令的进给速度由系统参数决定，进给速度 F 对 G00 指令无效。对于快速进给速度的调整，可以通过机床操作面板上的快速"进给倍率"旋钮来调节。

（3）执行 G00 指令时，由于各轴以各自的速度移动，不能保证各轴同时到达终点，因而各轴的合成轨迹可能是一条折线，因此操作者必须格外小心，以免刀具与工件或夹具发生碰撞。常见的做法是先将刀具沿着 Z 轴 G00 移动到安全高度，再在安全高度平面上执行其他进给。

（4）X、Y 和 Z 在绝对值编程指令 G90 有效时是以工件坐标系原点为基准的绝对坐标；X、Y 和 Z 在相对值编程指令 G91 有效时是刀具目标点相对于当前点的增量坐标，移动的方向由符号决定。如图 2-5 所示是 G00 指令下刀具的一种运动轨迹。

（5）在增量编程 G91 方式下，上一个程序段与下一个程序段的地址字相同时，下一个地址字不能省略；如果某个方向上的增量为 0，地址字可以省略不写，如 Y0。

3. 直线插补指令 G01

指令格式：G01 X___ Y___ Z___F___；

说明如下。

（1）G01 指令在铣削时使刀具沿直线移动进给到工件坐标系中的指定位置。

（2）G01 指令的进给速度由 F 决定，新的 F 值被重新指定前一直有效。

（3）G01 与 G00 指令均属同组模态代码。

（4）X、Y 和 Z 在绝对值编程指令 G90 有效时是以工件坐标系原点为基准的绝对坐标；在相对值编程指令 G91 有效时是刀具目标点相对于当前点的增量坐标，移动的方向由符号决定。G01 指令下刀具的运动轨迹如图 2-6 所示。

图2-5　G00 指令下刀具的运动轨迹图　　　　图2-6　G01 指令下刀具的运动轨迹图

4. F 功能

进给功能通常有两种形式：一种是刀具每分钟的进给量，单位是 mm/min；另一种是主轴每转时的进给量，单位是 mm/r。FANUC 0i Mate-MD 系统是通过 G94 指令设定机床为每分钟进给；通过 G95 指令设定机床为每转进给，该功能必须在主轴上装有编码器时才能使用。在数控铣床或铣削加工中心出厂设置时，一般将 G94 设为默认的开机有效指令。例如，F100 表示进给为 100mm/min。

5．S功能

主轴转速功能用于设定主轴的转速，单位是 r/min。主轴转速可以直接用速度值规定。例如，S1000 表示主轴转速为 1000r/min。有的数控铣床或铣削加工中心的面板上有主轴转速倍率调整旋钮，两者结合可以得到合适的主轴转速。

6．辅助功能

M03—主轴正转。例如，S1000 M03 表示主轴正转，转速为 1000r/min。

三、平口钳的安装与工件的装夹

1．平口钳的安装

安装平口钳时，应擦净钳座底面和铣床工作台面。平口钳在工作台面上的位置应处于工作台长度方向的中心偏左及宽度方向的中心上，以方便操作。安装时，将平口钳底座上的定位键放入工作台中央 T 形沟槽内，双手推动钳体，使两定位键的同一侧侧面靠在中央 T 形沟槽的一侧面上，然后固定钳座，再利用百分表找正固定钳口，转动钳体，使固定钳口与横向或纵向工作台的方向平行，以保证铣削的加工精度，如图 2-7 所示，然后将螺钉旋紧。钳口方向应根据工件的长度来确定。

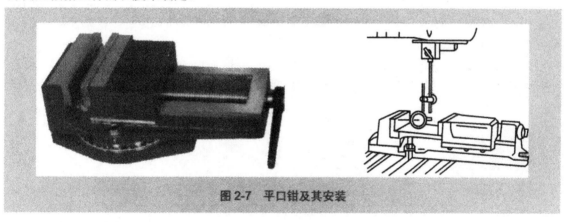

图 2-7　平口钳及其安装

2．工件的装夹与找正

（1）在工件的下方垫上宽度和厚度适宜的等高垫块，使工件被加工部分高于钳口，以免刀具与钳口发生干涉，一般使被铣削部分高出钳口平面 3～5mm 即可。

（2）工件置于钳口中间的位置。

（3）如果所装夹工件的表面粗糙度较大，应在两钳口与工件表面之间垫一层铜皮，以免损坏钳口，同时可增加接触面。

（4）用木锤或橡胶锤轻敲工件，直到用手不能轻易推动等高垫块为止，最后再将工件夹紧，如图 2-8 所示。

（5）在使用平口钳装夹工件的过程中，还应对工件进行找正，如图 2-9 所示。找正时，将百分表用磁性表座固定在主轴上，使百分表触头接触工件，在前后或左右方向移动主轴，从而找正工件上下平面与工作台的平行度。同样地，在侧平面内移动主轴，找正工件侧面与轴向进给方向的平行度。如果不平行，则可用铜棒轻敲工件或垫塞尺的办法进行纠正，然后重新进行找正。

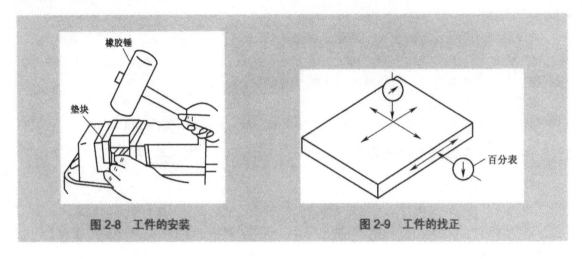

图 2-8　工件的安装　　　　　　　　　图 2-9　工件的找正

四、立铣刀及其安装

普通立铣刀端面中心处无切削刃，不能进行轴向进给，主要用来加工与侧面相垂直的底平面，如凹槽、台阶面以及成形表面等，侧面的螺旋齿起主要的切削作用。不同直径的立铣刀采用不同的柄。$\phi 2\sim14$mm 的立铣刀多采用直柄，可选择合适的卡簧安装到弹簧夹头刀柄中，如图 2-10 所示。

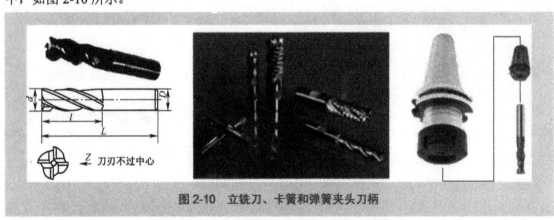

图 2-10　立铣刀、卡簧和弹簧夹头刀柄

任务二　圆弧沟槽的铣削

基本技能

现有一毛坯为六面已经加工过的 100mm×100mm×20mm 的塑料板，试铣削成如图 2-11 所示的零件。

一、分析加工工艺

1. 零件图和毛坯的工艺分析

（1）圆弧沟槽中心线由一个 R40 的整圆、两个 R10 的 3/4 圆弧组成，沟槽宽 10mm、深

2mm。

（2）零件外界没有与圆弧沟槽相通的沟槽。

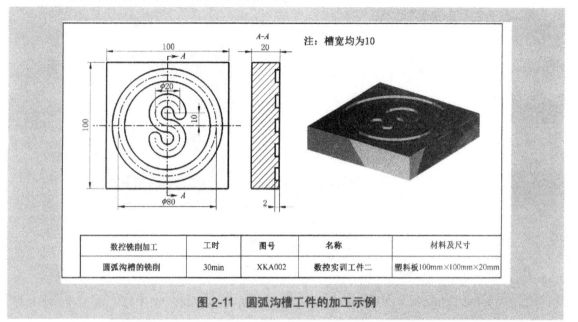

图2-11　圆弧沟槽工件的加工示例

2. 确定装夹方式和加工方案

（1）装夹方式：采用机用平口钳装夹，底部用等高垫块垫起。

（2）加工方案：一次装夹完成所有内容的加工。

3. 选择刀具

选择使用 $\phi10$mm 的键槽铣刀。

4. 确定加工顺序和走刀路线

（1）建立工件坐标系的原点：设在工件上底面的对称中心处。

（2）确定起刀点：设在工件上底面对称中心的上方 100mm 处。

（3）确定下刀点：设在 c 点上方 100mm（X0 Y−40 Z100）处。

（4）确定走刀路线：$O{\rightarrow}c{\rightarrow}c{\rightarrow}a{\rightarrow}O{\rightarrow}b{\rightarrow}O$，如图 2-12 所示。

5. 选定切削用量

（1）背吃刀量：a_p=2mm。

（2）主轴转速：$n=1000v/\pi D=1194\approx1200$r/min（$v$=30m/min）。

（3）进给量：$f=nzf_z=108\approx120$mm/min（n=1200，z=2，f_z=0.05mm/z）。

图2-12　走刀路线示意图

二、编写加工技术文件

1. 工序卡（见表 2-7）

表 2-7　数控实训工件二的工序卡

材　料	塑料板	产品名称或代号		零件名称	零件图号		
		N002		圆弧沟槽	XKA002		
工序号	程序编号	夹具名称		使用设备	车间		
0001	O0002	机用平口钳		VMC 850-E	数控车间		
工步号	工步内容	刀具号	刀具规格 ϕ（mm）	主轴转速 n（r/min）	进给量 f（mm/min）	背吃刀量 a_p（mm）	备注
1	铣沟槽		$\phi10mm$ 的键槽铣刀	1200	120	2	自动 O0002
编制		批准		日期		共 1 页	第 1 页

2. 刀具卡（见表 2-8）

表 2-8　数控实训工件二的刀具卡

产品名称或代号	N002	零件名称	圆弧沟槽	零件图号		XKA002
刀具号	刀具名称	刀具规格 ϕ（mm）	加工表面	刀具半径补偿号 D	补偿值（mm）	刀具长度补偿号 H	补偿值（mm）	备注
	键槽铣刀	10	圆弧沟槽					基准刀
编制		批准		日期		共 1 页	第 1 页

3. 编写参考程序（毛坯 100mm×100mm×20mm）

（1）计算节点坐标（见表 2-9）。

表 2-9　节点坐标

节　点	X 坐标值	Y 坐标值	节　点	X 坐标值	Y 坐标值
O	0	0	b	10	10
a	−10	−10	c	0	−40

（2）编制加工程序（见表 2-10）。

表 2-10　数控实训工件二的参考程序

程序段号	程序内容	说　明
	程序号：O0002	
N10	G17 G21 G54 G90 G94；	调用工件坐标系，绝对坐标编程

续表 2-10

程序号：O0002		
程 序 段 号	程 序 内 容	说 明
N20	S1200 M03;	开启主轴
N30	G00 Z100;	将刀具快速定位到初始平面
N40	X0 Y-40;	快速定位到下刀点
N50	Z5;	快速定位到 R 平面
N60	G01 Z-2 F120;	进刀到 c 点
N70	G03 J40;	铣削 R40 整圆
N80	G00 Z5;	快速定位到 R 平面
N90	X-10 Y-10;	快速定位到 a 点
N100	G01 Z-2 F120;	进刀到 a 点
N110	G03 X0 Y0 R-10;	铣削到 O 点
N120	G02 X10 Y10 R-10;	铣削到 b 点
N130	G00 Z100;	返回到安全高度
N140	X0 Y0;	返回到工件原点
N150	M05;	主轴停止
N160	M30;	程序结束

三、加工工件

（1）底部用等高垫块垫起，使加工表面高于钳口 5mm 左右，将工件的装夹基准面贴紧平口钳的固定钳口，找正后夹紧工件。

（2）在主轴上安装 ϕ10mm 的键槽铣刀。

（3）对刀，设定工件坐标系 G54。

（4）在编辑模式下输入并编辑程序，编辑完毕后将光标移动至程序的开始。

（5）将工件坐标系的 Z 值朝正方向平移 50mm，将机床置于自动运行模式，按下启动运行键，控制进给倍率，检验刀具的运动是否正确。

（6）把工件坐标系 Z 值恢复原值，将机床置于自动运行模式，按下"单步"按钮，将倍率旋钮置于 10%，按下"循环启动"按钮。

（7）用眼睛观察刀位点的运动轨迹，调整"进给倍率"旋钮，右手控制"循环启动"和"进给保持"按钮。

基 本 知 识

一、公英制输入单位选择指令 G21 和 G20

数控机床的输入单位可以设置为公制输入，也可以设置为英制输入。G21 为公制单位输入设置指令，G20 为英制单位输入设置指令。G20 和 G21 是两个可以互相取代的指令。机床出厂前一般设定为 G21 状态，机床的各项参数均以公制单位设定，所以数控机床一般适用于加工公制尺寸的工件。在一个程序内，不能同时使用 G20 和 G21 指令，且必须在坐标系确定前指定。G20 或 G21 指令断电前后一致，即停电前使用 G20 或 G21 指令，在下次使用时仍有效，除非重新设定。

指令格式：G21；（设定机床为公制输入）

G20；（设定机床为英制输入）

说明如下。

（1）G21 设定机床为公制输入方式，输入的 F 代码、位置坐标、工件零点偏置和刀具补偿值等单位均为毫米（mm）。

（2）G20 设定机床为英制输入方式，输入的 F 代码、位置坐标、工件零点偏置和刀具补偿值等单位均为英寸。

二、加工平面选择指令 G17、G18 和 G19

右手笛卡尔直角坐标系的 3 个互相垂直的轴 X、Y 和 Z 分别构成 3 个平面，如图 2-13 所示。在数控铣削加工中，通常需要指定机床在哪个平面内进行插补运动。G17、G18 和 G19 指令就可以选择要加工的平面。G17 指令选择加工 XY 平面；G18 指令选择加工 ZX 平面；G19 指令选择加工 YZ 平面。在立式数控铣床中，G17 为开机模态有效指令，可省略不写。

指令格式：G17；（选择加工 XY 平面，z 轴为第三坐标轴）

G18；（选择加工 ZX 平面，y 轴为第三坐标轴）

G19；（选择加工 YZ 平面，x 轴为第三坐标轴）

说明如下。

（1）该组指令用于选择进行圆弧插补和刀具半径补偿时的平面。

（2）该组指令在 G00 和 G01 指令中无效。

三、圆弧插补指令 G02 和 G03

圆弧插补指令是使刀具在指定平面内按指定的进给速度 F 作圆弧运动并铣削出圆弧形状的指令，根据铣削方向的不同，分为顺时针圆弧插补指令和逆时针圆弧插补指令。判断的方法：逆着圆弧所在平面的第三轴的方向看过去，刀位点沿顺时针方向运动时为 G02，沿逆时针方向运动时为 G03，如图 2-14 所示。

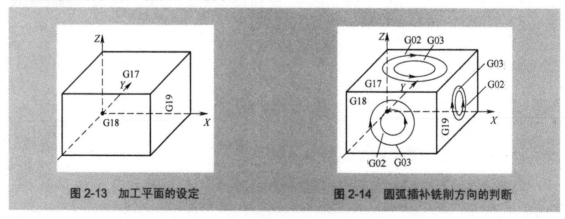

图 2-13　加工平面的设定　　　　　图 2-14　圆弧插补铣削方向的判断

指令格式1：G17 G02（G03）X__Y__R__F__；
　　　　　　G18 G02（G03）X__Z__R__F__；
　　　　　　G19 G02（G03）Y__Z__R__F__；
指令格式2：G17 G02（G03）X__Y__I__J__F__；
　　　　　　G18 G02（G03）X__Z__I__K__F__；
　　　　　　G19 G02（G03）Y__Z__J__K__F__；

说明如下。

（1）使用圆弧插补指令应首先选定圆弧插补所在的平面。

（2）圆弧插补方向的判断要逆着第三轴的方向，观察刀具运动的方向是顺时针，还是逆时针。

（3）X、Y和Z在绝对值编程 G90 有效时是刀具运动的终点坐标，在相对值编程 G91 有效时是刀具相对于圆弧起点的坐标增量。

（4）若圆弧圆心角小于180°时 R 用正值表示；圆弧圆心角等于180°时 R 值正负均可；圆弧圆心角大于180°时 R 用负值表示；整圆不能使用 R 指定圆心位置，而只能使用坐标矢量指定，如图 2-15 所示。R 不具有续效性，连续铣削等径圆弧时不能省略不写。

铣削优圆弧1：G17 G02 X20 Y0 R−20 F100；

铣削劣圆弧2：G17 G02 X20 Y0 R20 F100；

铣削整圆弧：G17 G03 J20 F100。

（5）I、J和K为圆弧起点到圆心的矢量在 X、Y和Z坐标轴上的分量，即 $I=X_{圆心}-X_{起点}$，$J=Y_{圆心}-Y_{起点}$，$K=Z_{圆心}-Z_{起点}$，I、J和K不受 G90 和 G91 的影响。当 I、J和K为负值时，说明从圆弧起点到圆心的矢量在坐标轴的分量与坐标轴的方向相反。I、J和K为零时可以省略不写，如图 2-16 所示。

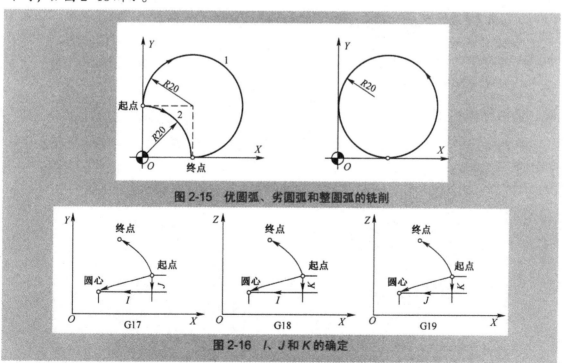

图 2-15　优圆弧、劣圆弧和整圆弧的铣削

图 2-16　I、J和K的确定

四、螺旋线的铣削

螺旋线插补指令与圆弧插补指令的指令字相同，插补方向的定义也相同。但在进行螺旋线插补时，刀具在进行圆弧插补的同时，在第三轴的方向上也在同步运动，构成螺旋线插补运动，如图 2-17 所示。

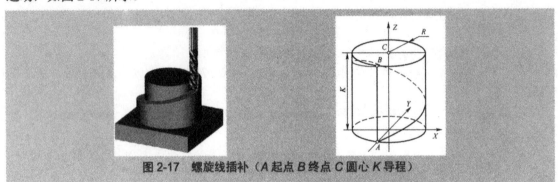

图 2-17　螺旋线插补（A 起点 B 终点 C 圆心 K 导程）

指令格式 1：G17 G02（G03）X＿Y＿Z＿R＿K＿F＿；
　　　　　　G18 G02（G03）X＿Y＿Z＿R＿J＿F＿；
　　　　　　G19 G02（G03）X＿Y＿Z＿R＿I＿F＿；
指令格式 2：G17 G02（G03）X＿Y＿Z＿I＿J＿K＿F＿；
　　　　　　G18 G02（G03）X＿Y＿Z＿I＿J＿K＿F＿；
　　　　　　G19 G02（G03）X＿Y＿Z＿I＿J＿K＿F＿；
说明如下（以 G17 为例）。

（1）X、Y 和 Z 是螺旋线的终点坐标。

（2）I 和 J 是圆心在 XY 平面上相对于螺旋线起点的增量。

（3）R 为螺旋线在 XY 平面上的投影半径。当螺旋线的终点在 XY 平面上的投影与起点重合时，不能使用 R 指定圆心位置。

（4）K 是螺旋线的导程，为正值。

五、键沟槽铣刀及其安装

键沟槽铣刀用于加工封闭键沟槽。外形类似立铣刀，有两个刀齿，圆柱面和端面都有切削刃，端面切削刃延伸至中心。加工时先轴向进给铣削到一定的深度，再沿键沟槽方向铣出键沟槽全长。键沟槽铣刀多采用直柄，可选择合适的卡簧安装到弹簧夹头刀柄中，如图 2-18 所示。

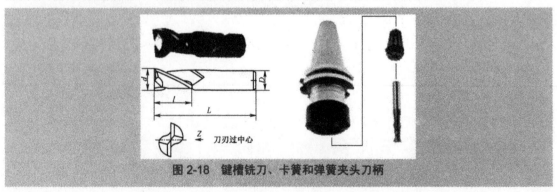

图 2-18　键槽铣刀、卡簧和弹簧夹头刀柄

任务三 燕尾槽的铣削

基 本 技 能

现有一毛坯为六面已经加工过的 65mm×50mm×45mm 的塑料板，试铣削成如图 2-19 所示的零件。

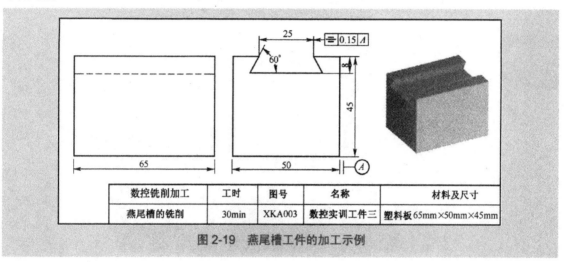

数控铣削加工	工时	图号	名称	材料及尺寸
燕尾槽的铣削	30min	XKA003	数控实训工件三	塑料板 65mm×50mm×45mm

图 2-19 燕尾槽工件的加工示例

一、分析加工工艺

1. 零件图和毛坯的工艺分析

（1）工件由一条长 65mm、宽 25mm 的燕尾槽构成。燕尾槽深 8mm，燕尾角 60°，且左右对称。

（2）燕尾槽与外界相通。

2. 确定装夹方式和加工方案

（1）装夹方式：采用机用平口钳装夹，底部用等高垫块垫起，使加工平面高于钳口 15mm。

（2）加工方案：首先使用立铣刀 T02 分层铣削直线沟槽，然后使用燕尾槽铣刀 T03 采用逆铣方式粗铣燕尾槽。该例子中不再安排精铣。

3. 选择刀具

（1）选择使用 ϕ25mm 的立铣刀 T02 铣削直线沟槽。

（2）选择使用外径 25mm、角度 60° 的直柄燕尾槽铣刀 T03 铣削燕尾槽。

4. 确定加工顺序和走刀路线

（1）建立工件坐标系的原点：设在工件上底面的对称中心处。

（2）确定起刀点：设在工件上底面对称中心的上方 100mm 处。

（3）确定下刀点：设在 a 点上方 100mm（X–50 Y0 Z100）处。

（4）确定走刀路线如下。

立铣刀的走刀路线 a→O→b→O→a→O→b。

燕尾槽铣刀的走刀路线 $c \rightarrow d \rightarrow e \rightarrow f \rightarrow g \rightarrow h \rightarrow i \rightarrow j$。铣削示意图和走刀路线如图 2-20 所示。在 Y 方向分两刀铣削，图 2-21（b）和图 2-21（c）所示为第一刀，图 2-21（d）和图 2-21（e）所示为第二刀，铣削时应尽量使两刀铣削负荷均衡。

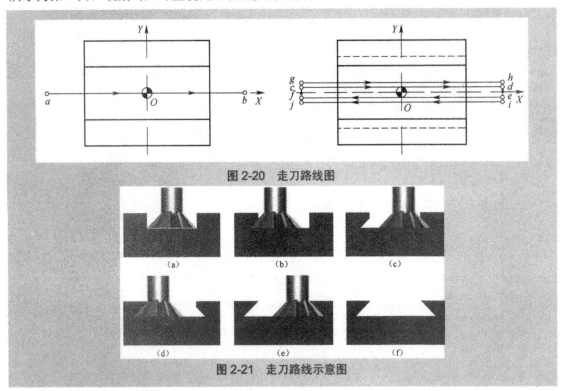

图 2-20　走刀路线图

图 2-21　走刀路线示意图

二、编写加工技术文件

1. 工序卡（见表 2-11）

表 2-11　数控实训工件三的工序卡

材　料	塑料板	产品名称或代号		零件名称		零件图号		
		N003		燕尾槽		XKA003		
工序号	程序编号	夹具名称		使用设备		车间		
0001	O0003	机用平口钳		VMC 850-E		数控车间		
工步号	工步内容	刀具号	刀具规格 ϕ（mm）	主轴转速 n（r/min）	进给量 f（mm/min）	背吃刀量 a_p（mm）		备注
1	铣直线槽	T02	ϕ25mm 的立铣刀	380	76	3	3　2	自动 O0003
2	铣燕尾槽	T03	ϕ25mm 的燕尾槽铣刀	190	38	铣削宽度		
						2.5	2.118	
编制		批准		日期		共 1 页		第 1 页

2. 刀具卡（见表2-12）

表2-12　数控实训工件三的刀具卡

产品名称或代号	N003	零件名称	燕 尾 槽		零件图号		XKA003
刀具号	刀具名称	刀具规格 ϕ (mm)	加工表面	刀具半径补偿号D	补偿值 (mm)	刀具长度补偿号H	补偿值 (mm)	备注
T02	立铣刀	25	铣直线槽			H02	0	基准刀
T03	燕尾铣刀	25	铣燕尾槽			H03	3.725	
编制		批准		日期		共1页	第1页

3. 编写参考程序（毛坯 65mm×50mm×45mm）

（1）计算节点坐标（见表2-13）。

表2-13　节点坐标

节　　点	X 坐 标 值	Y 坐 标 值	节　　点	X 坐 标 值	Y 坐 标 值
O	0	0	f	−50	−2.5
a	−50	0	g	−50	4.618
b	50	0	h	50	4.618
c	−50	2.5	i	50	−4.618
d	50	2.5	j	−50	−4.618
e	50	−2.5			

（2）编制加工程序（见表2-14）。

表2-14　数控实训工件三的参考程序

程序号：O0003		
程序段号	程序内容	说　明
N10	G17 G21 G49 G54 G90 G94；	调用工件坐标系，绝对坐标编程
N20	T02 M06；	换立铣刀（数控铣床中手工换刀）
N30	S380 M03；	开启主轴
N40	G43 G00 Z100 H02；	将刀具快速定位到初始平面
N50	X−50 Y0；	快速定位到下刀点（X−50 Y0 Z100）
N60	Z5；	快速定位到R平面
N70	G01 Z−3 F76；	进刀
N80	X50；	铣削工件到b点
N90	Z−6；	进刀
N100	X−50；	铣削工件到a点
N110	Z−8；	进刀
N120	X50；	铣削工件到b点

续表 2-14

程序段号	程序内容	说　明
	程序号：O0003	
N130	G00 Z100;	快速返回到初始平面
N140	X0 Y0;	返回到工件原点
N150	M05;	主轴停止
N160	M00;	程序暂停
N170	T03 M06;	换燕尾槽铣刀（数控铣床中手工换刀）
N180	S190 M03;	开启主轴
N190	G43 G00 Z100 H03;	将刀具快速定位到初始平面
N200	X-50 Y2.5;	快速定位到下刀点（X-50 Y2.5 Z100）
N210	Z5;	快速定位到 R 平面
N220	G01 Z-8 F38;	进刀到 c 点
N230	X50;	铣削到 d 点
N240	G00 Y-2.5;	快速定位到 e 点
N250	G01 X-50 F38;	铣削到 f 点
N260	G00 Y4.618;	快速定位到 g 点
N270	G01 X50 F38;	铣削到 h 点
N280	G00 Y-4.618;	快速定位到 i 点
N290	G01 X-50 F38;	铣削到 j 点
N300	G00 Z100;	快速返回到初始平面
N310	X0 Y0;	返回到工件原点
N320	M05;	主轴停止
N330	M30;	程序结束

三、加工工件

1. 试切对刀 T02，设定工件坐标系

（1）装夹工件并找正。

（2）安装立铣刀 T02。

（3）开启主轴正转，转速 300r/min 左右。

（4）X 方向对刀方法如下。

① 在手轮模式下，移动主轴使立铣刀从-X 方向碰工件，并将此时的机床相对坐标清零。

② 在手轮模式下，移动主轴使立铣刀从+X 方向碰工件，并记下此时的机床相对坐标 X。

③ 在手轮模式下，移动主轴到相对坐标 X/2，即工件 X 方向的中点。

④ 在综合坐标界面中读得此时机械坐标 X 值。

⑤ 沿路径"OFS/SET/坐标系"打开工件坐标系设定界面，将该机械坐标 X 值输入到番号 01 组 G54 的 X 坐标偏置值中。

（5）Y 方向对刀方法如下。

① 在手轮模式下，移动主轴使立铣刀从–Y方向碰工件，并将此时的机床相对坐标清零。

② 在手轮模式下，移动主轴使立铣刀从+Y方向碰工件，并记下此时的机床相对坐标Y。

③ 在手轮模式下，移动主轴到相对坐标Y/2，即工件Y方向的中点。

④ 在综合坐标界面中读得此时机械坐标Y值。

⑤ 沿路径"OFS/SET/坐标系"打开工件坐标系设定界面，将该机械坐标Y值输入到番号01组G54的Y坐标偏置值中。

（6）Z方向对刀方法如下。

① 在手轮模式下，移动主轴使立铣刀从+Z方向碰工件，并在综合坐标界面读得此时的机械坐标Z值。

② 沿路径"OFS/SET/坐标系"打开工件坐标系设定界面，将该值输入到番号01组G54的Z坐标偏置值中。

③ 在相对坐标系中，将此时的Z清零，以便于在线测量T03的长度补偿值。

对刀过程如图2-22所示。立铣刀T02作为基准刀具，其刀长补偿值为零。在补正中将该补偿值输入到T02对应的刀长补偿番号H02的长度补偿寄存器中，如图2-23所示。

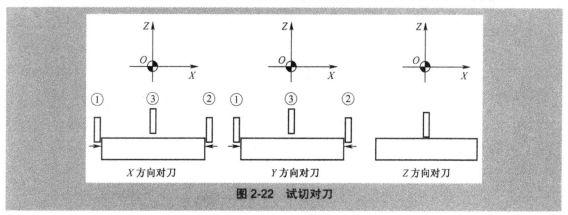

图2-22 试切对刀

2. 燕尾槽铣刀T03对刀，建立刀长补偿值

（1）从主轴上卸下立铣刀T02，安装燕尾槽铣刀T03。

（2）开启主轴正转，转速100r/min左右。

（3）在手轮模式下，移动主轴使燕尾槽铣刀从+Z方向碰工件。

（4）读得此时的相对坐标即为燕尾槽铣刀T03相对于基准刀T02的长度补偿值，在补正中将该补偿值输入到T03对应的刀长补偿番号H03的长度补偿寄存器中，如图2-23所示。

3. 加工操作

（1）底部用垫块垫起，使加工平面高于钳口15mm，将工件的装夹基准面贴紧平口钳的固定钳口，找正后夹紧。

（2）在主轴上安装ϕ25mm的立铣刀。

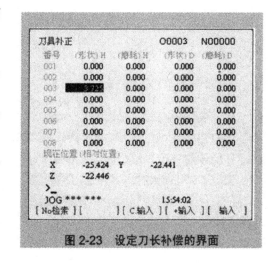

图2-23 设定刀长补偿的界面

（3）对刀，设定工件坐标系 G54。

（4）去掉 T02 后在主轴上安装 ϕ25 的燕尾槽铣刀。

（5）对刀，设定燕尾槽铣刀的刀长补偿，再次换装上 T02 立铣刀。

（6）在编辑模式下输入并编辑程序，编辑完毕后将光标移动至程序的开始处。

（7）将工件坐标系的 Z 值朝正方向平移 50mm，将机床置于自动运行模式，按下启动运行键，控制进给倍率，检验刀具的运动是否正确。

（8）把工件坐标系 Z 值恢复原值，将机床置于自动运行模式，按下"单步"按钮，将倍率旋钮置于 10%，按下"循环启动"按钮。数控铣床根据加工进程手动更换主轴上的刀具。

（9）用眼睛观察刀位点运动轨迹，调整"进给倍率"旋钮，右手控制"循环启动"和"进给保持"按钮。

基 本 知 识

一、铣削宽度 a_c

铣削宽度 a_c 又称为侧吃刀量。铣削宽度是垂直于铣刀轴线方向测量的切削层尺寸，单位为 mm，如图 2-24 所示。铣削钢件材料时，不同的刀具允许的铣削宽度不同。中心钻和麻花钻的铣削宽度为半径的一半；立铣刀和键槽铣刀的铣削宽度为 $0.7D\sim1D$；盘铣刀的铣削宽度一般为 $0.6D\sim0.8D$。燕尾槽铣刀和 T 形铣刀的铣削宽度要根据刀具和机床的强度来确定。

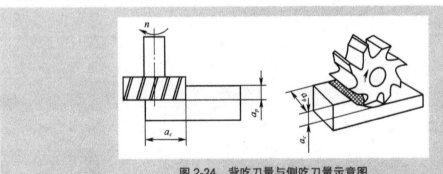

图 2-24 背吃刀量与侧吃刀量示意图

二、T 指令与 M06 功能

加工中心的换刀装置通常由刀库和刀具交换机构组成。刀库的形式不一样，常见的刀库有盘式刀库和链式刀库。常用的换刀装置有机械手式和无机械手式，采用机械手进行刀具交换的方式最为广泛。这是因为机械手的换刀有很大的灵活性，而且可以减少换刀的时间。目前，在加工中心上绝大多数都使用记忆式的任选换刀方式。这种方式能将刀具号和刀库中的刀套位置（地址）对应地记忆在数控系统的 PC 中，不论刀具放在哪个刀套内都始终记忆着它的踪迹。刀库上装有位置检测装置（一般与电动机装在一起），可以检测出每个刀套的位置，这样刀具就可以任意取出并送回。刀库上还设有机械原点，使每次选刀时就近选取。例如，对于盘式刀库而言，每次选刀运动，正转或反转都不会超过 180°。换刀动作由刀具指令 T 完成从刀具库中选择要安装到主轴上的刀具，由 M06 功能控制刀具交换机构实现自动换刀，

如图 2-25 所示。例如，T02 表示选择 2#刀具，M06 表示更换刀具。

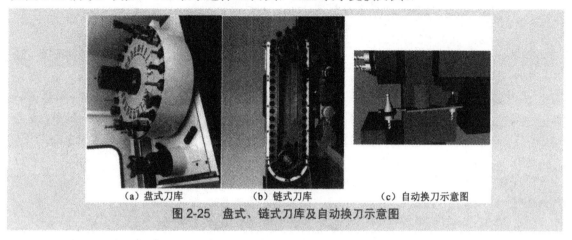

　　（a）盘式刀库　　　　　　（b）链式刀库　　　　（c）自动换刀示意图

图 2-25　盘式、链式刀库及自动换刀示意图

　　换刀的过程较为复杂，首先把加工过程中需要使用的全部刀具分别安装在标准的刀柄上，在机外进行尺寸预调整之后，按一定的方式放入刀库。换刀时先在刀库中选刀，并由刀具交换装置从刀库和主轴上取出刀具。在进行刀具交换之后，将新刀具装入主轴，把旧刀具放回刀库。

三、刀具长度补偿指令 G43、G44 和 G49

　　在实际的数控加工中经常需要使用多把刀具，但在编程的过程中，编程者可以在不知道刀具长度的情况下，按假定的标准刀具长度编程。当使用不同规格的刀具或刀具磨损后，可通过调整刀具长度（简称刀长）补偿指令所调用的刀具长度补偿值来补偿刀具尺寸的变化，而不必重新调整刀具或重新对刀。刀具长度补偿指令的使用如图 2-26 所示。

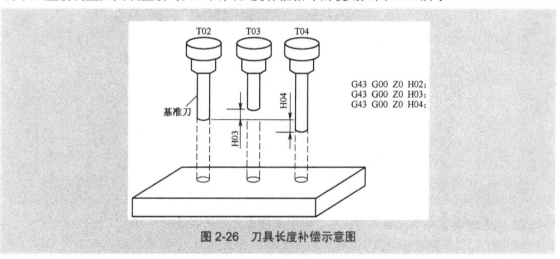

图 2-26　刀具长度补偿示意图

　　刀具长度补偿通过执行含有 G43（G44）和 H 的指令来实现，在刀具沿 Z 方向插补的过程中进行。指令 G49 是用于取消 G43（G44）指令的。其实，这个指令通常不必使用，因为每把刀具都有其长度补偿。机床换刀时，在利用 G43（G44）和 H 指令赋予了它的刀长补偿的同时会自动取消前一把刀具的长度补偿。如果要使用 G49 指令，G49 指令中的 Z 值一定要

大于刀具实际的长度，这样才能保证安全。

指令格式：G43 G00/G01 Z__H__；

G44 G00/G01 Z__H__；

G49 G00/G01 Z__；或 G43/G44 G00/G01 Z__H00；

说明如下。

（1）当使用 G43 和 G44 指令时，无论用绝对尺寸，还是用增量尺寸编程，程序中指定的终点坐标值 Z 都要与 H 寄存器中所指定的偏移量进行运算，G43 时相加，G44 时相减，然后把运算结果作为刀位点所要到达的目标坐标点，CNC 系统据此控制机床主轴头的运动。

（2）G43 和 G44 均为模态代码。

（3）H 代码为刀具长度偏置的存储器代码。偏置代码为 H00～H99，共 100 个。偏置量与偏置号相对应，可通过 CRT/MDI 操作面板预先设在偏置存储器中。

（4）G49 指令用于取消刀具长度偏置，也可以通过 H00 来取消。

实际应用中的长度补偿通常有如下 3 种形式。

1. 以实际刀具与基准刀具的长度偏差作为刀长补偿

对刀时，选择一把刀具为标准刀具，通过试切对刀找到机床回零时刀具零点 N 点到工件零点 W 的坐标偏置，设定工件坐标系，如图 2-27 所示。基准刀具的长度补偿值为零，更换刀具后只需对其他刀具的 Z 向对刀，通过在线测量的方式确定其他刀具相对于基准刀的长度差值，通过 MDI 面板输入到相应的刀长补偿寄存器中。在使用 G43 调用长度补偿时，实际的刀具比基准刀具长时补偿值为正，短时为负。

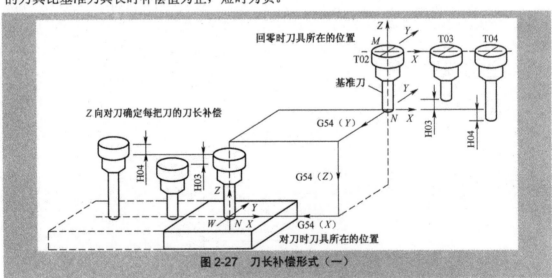

图 2-27　刀长补偿形式（一）

2. 以主轴回零时刀具到工件零点 Z 向的长度作为刀长补偿

对刀时，通过试切对刀或寻边器找到机床零点 M 到工件零点 W 的 X 和 Y 向坐标偏置，输入到设定工件坐标系 G54 中，设定工件坐标系。Z 方向不再进行偏置设置，而通过刀具长度补偿实现刀具零点 N 到工件零点 W 的 Z 向偏置，如图 2-28 所示。每一把刀都可以通过在线测量的方式确定刀长补偿值，通过 MDI 面板输入到相应的刀长补偿存储器中。使用 G43 进行调用时该类补偿值均为负值。

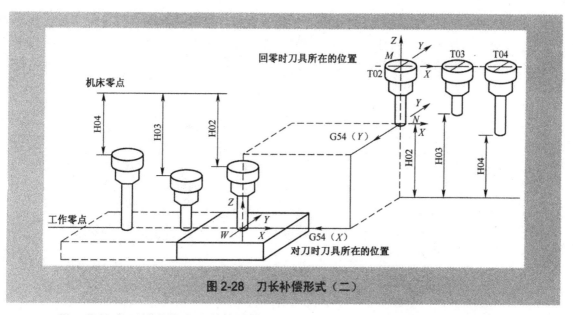

图 2-28 刀长补偿形式（二）

3. 用刀具的实际长度作为刀长的补偿

使用刀具的实际长度作为补偿就是使用对刀仪测量刀具的长度,然后把这个数值输入到刀具长度补偿寄存器中作为刀长补偿,如图 2-29 所示。对刀仪测量刀长的方法如图 2-30 所示。事实上,许多大型的机械加工企业对数控加工设备的刀具管理都采用这种办法。

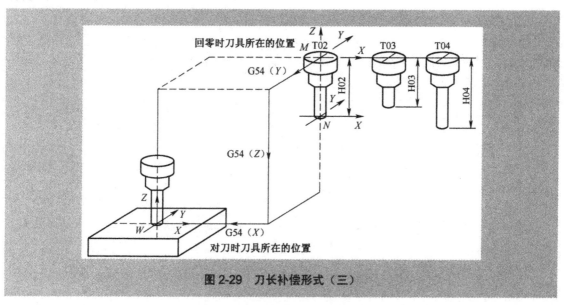

图 2-29 刀长补偿形式（三）

使用刀具长度作为刀长补偿,可以让机床一边进行加工运行,一边在对刀仪上进行其他刀具的长度测量,而不必因为在机床上对刀而占用机床的运行时间,这样可以充分发挥加工中心的效率。使用刀具长度作为刀长补偿,可以避免在不同的工件加工中不断地修改刀长偏置的情况,使一把刀具可以用在不同的工件上而不必修改刀长偏置。在这种情况下,可以按照一定的刀具编号规则,给每一把刀具建立档案,用一个小标牌写上每把刀具的相关参数，包括刀具的长度、半径等资料。这对于那些专门设有刀具管理部门的公司来说，就用不着和操作工面对面地说明刀具的参数了。同时，即使因刀库容量原因把刀具取下来再等下次重新装上时，只需根据标牌上的刀长数值作为刀具长度补偿而不需再次进行测量。

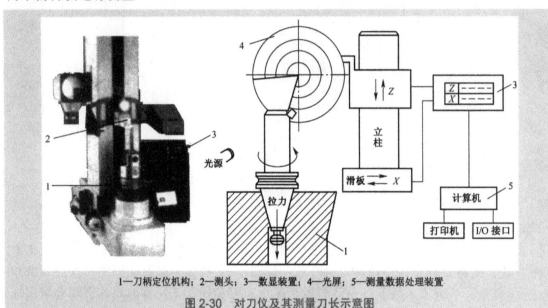

1—刀柄定位机构；2—测头；3—数显装置；4—光屏；5—测量数据处理装置

图 2-30　对刀仪及其测量刀长示意图

在使用刀具的实际长度作为补偿时，可以通过在主轴上安装标准芯棒，结合塞尺或量块对刀操作找到机床零点 M 到工件零点 W 的 X 和 Y 向坐标偏置，通过主轴上安装的标准芯棒和 Z 轴设定器找到机床零点 M 到工件零点 W 的 Z 向坐标偏置，设定工件坐标系 G54，如图 2-29 所示。在使用 G43 调用长度补偿时，该类补偿值均为正值。

四、加工中心中刀具的安装

1. T02 的安装

MDI 方式下输入"T02 M06;"，按下"循环启动"按钮，主轴当前刀位为 T02，将立铣刀 T02 手动安装到主轴上。

2. T03 的安装

MDI 方式下输入"T03 M06;"，按下"循环启动"按钮，立铣刀 T02 被送回刀库，主轴当前刀位被置位为 T03，将燕尾槽铣刀 T03 手动安装到主轴上。

其他刀具安装同上。装刀完毕，加工中，当程序中出现"T02 M06;"时，数控系统会自动从刀库中找到 T02 刀，并通过自动换刀装置安装到主轴上。

五、燕尾沟槽铣刀、T 形铣刀、倒角铣刀及内 R 铣刀

成型铣刀用于特定形状的铣削加工。燕尾沟槽铣刀可以铣削燕尾沟槽和燕尾块；T 形铣刀可以铣削 T 形沟槽；倒角铣刀可以铣削倒角；内 R 铣刀可以对倒圆角进行铣削等。一些常见的成型铣刀如图 2-31 所示。使用成型铣刀可简化编程，提高加工效率。

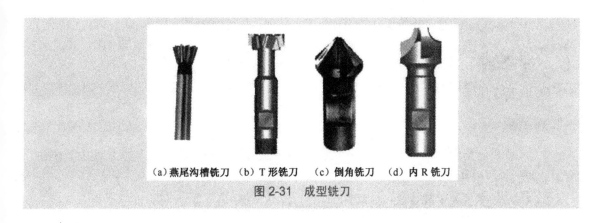

(a)燕尾沟槽铣刀　(b)T形铣刀　(c)倒角铣刀　(d)内R铣刀

图 2-31　成型铣刀

项目知识拓展

一、模态指令和非模态指令

模态指令又称续效指令。是指该指令一经在一个程序段中指定，便保持有效到被以后的程序段中出现同组类的另一代码所替代。例如：F、S 指令和部分 G 指令等。模态指令 G 代码按其功能进行分组，在指令系统中按组号表示，从 00 组到 22 组。同组的 G 代码彼此不相容，如果在同一程序段中指明了两个以上的同组的 G 代码，则后面出现的 G 代码自动取代前面的 G 代码。模态指令给编程带来了很大的方便，即当模态指令执行后，若后面的程序段不需要改变执行功能时，可以不必再指明指令，大大简化了编程和减少程序输入的时间。

非模态指令是指只在当前程序段有效的指令。如果下一程序段还需要使用此功能则还需要重新书写。例如"G04"指令。

模态指令和非模态指令，G 代码见附录一，M 代码见附录二。

二、使用螺旋线指令 G02、G03 进行深槽加工

对于比较浅的圆弧槽直接使用键槽铣刀进行铣削，但对于圆形深槽不能一刀铣成，需要分层铣削，即每层铣削后垂直下刀在铣削。由于键槽铣刀仅有两个铣削刃，因此加工效果和表面质量较差，且每层加工不连续，加工质量低。对于一些槽表面精度要求较高的场合可使用多刃立铣刀螺旋下刀方式铣削。如图 2-32 所示。使用螺旋线指令在"螺旋下刀"、"螺纹铣削"等场合也有广泛的应用。

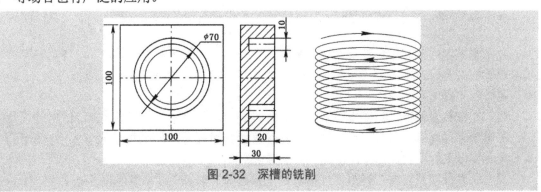

图 2-32　深槽的铣削

项目评价

一、练习题

1. 一个完整的程序由_____、_____和_____组成。每个程序段由若干字组成，每个字由_____和_____组成。

2. 程序段中主要字的含义：G 功能_____；F 功能_____；S 功能_____。

3. 普通立铣刀端面中心处无切削刃，不能进行_____向进给，主要用来加工与侧面相垂直的底平面，_____的螺旋齿起主要的切削作用。

4. G00 或 G01 指令中的 X、Y 和 Z 在 G90 有效时为刀具刀位点在工件坐标系中移动的终点的_____坐标；在 G91 有效时为刀具刀位点在工件坐标系中相对于起点运动的_____坐标。

5. 在 G94 模态有效的前提下，F100 表示每分钟进给 100_____。

6. 图 2-33 中上下每一组均为使用平口钳装夹同一工件时的情形，试在正确的装夹图下的括号中画上对号。

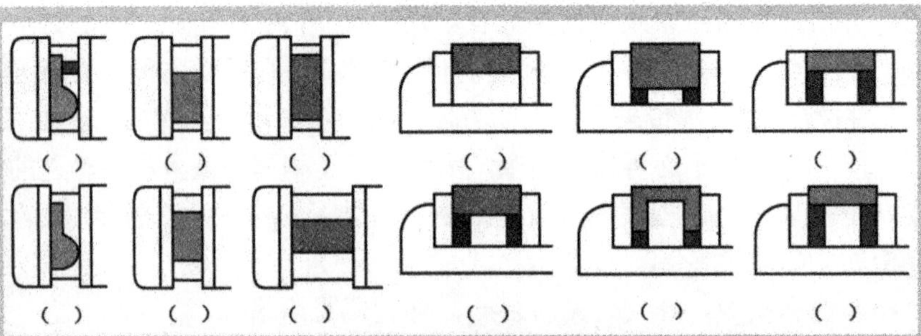

图 2-33 习题（6）图

7. 数控机床的输入单位可以设置为公制输入，也可以设置为英制输入。_____为公制单位输入设置指令，_____为英制单位输入设置指令。

8. _____指令选择加工 XY 平面；_____指令选择加工 ZX 平面；_____指令选择加工 YZ 平面。在立式数控铣床中，_____指令为开机模态有效指令。

9. 在圆弧插补中指定圆心有_____种方法。圆弧圆心角不大于 180° 时，R 用_____值表示；圆弧圆心角大于 180° 时，R 用_____值表示；整圆只能使用_____指定圆心位置。

10. 加工中心拥有刀库和自动换刀装置。在加工前可以将所需要的刀具安装到刀库中。当需要某把刀具时，可通过_____指令从刀库中选择所需要的刀具，通过_____功能将所需要的刀具更换主轴上。

11. 在数控编程中，编程者可以在不知道刀具长度的情况下，按假定的标准刀具长度编程。当使用不同规格的刀具或刀具磨损后，可通过调整刀具长度补偿指令_____调用的刀具长度补偿值来补偿刀具尺寸的变化，而不必重新调整刀具或重新对刀。

12. 长度补偿虽然有三种形式，但本质上都是将刀具的长度补偿值和设定工件坐标系的坐标偏置相叠加找到_____在工件坐标系中的位置。

13. 在数控铣削中，如何判断圆弧插补的方向？

14. 如何安排键槽铣刀铣削键槽时的走刀路线？

15. 在螺旋线铣削指令中，为什么需要指定导程？

16. 怎样加工 T 形沟槽？

17. 在使用镗铣加工中心编程时，"T02 M06；"与"M06 T02；"有何区别？

18. 在数控铣削中，为什么要设置一个安全高度平面？

19. 上网了解对刀仪的相关知识，了解采用机外对刀仪进行对刀的方法。

20. 在燕尾沟槽的铣削中采用逆铣的方法进行粗铣。如果粗铣后安排精铣，精铣的走刀路线该如何安排？

二、技能训练

1. 使用立铣刀和键槽刀两把刀具进行试切对刀，并在 MDI 方式下验证对刀效果。

2. 现有一毛坯为 100mm×100mm×20mm 的塑料板，试铣削成如图 2-34 所示的零件。

3. 现有一毛坯为 100mm×100mm×20mm 的塑料板，试铣削成如图 2-35 所示的零件。

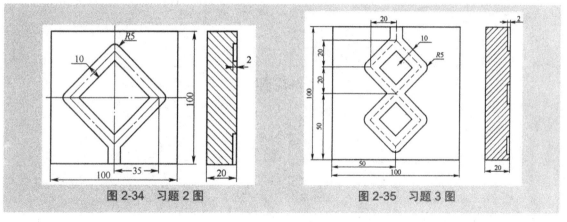

图 2-34 习题 2 图　　　　　图 2-35 习题 3 图

4. 现有一毛坯为 100mm×100mm×20mm 的塑料板，试铣削成如图 2-36 所示的零件。

5. 现有一毛坯为 100mm×100mm×20mm 的塑料板，试铣削成如图 2-37 所示的工件。该工件由螺旋槽组成，1 点处最浅为 2mm，2 点处最深为 4mm。

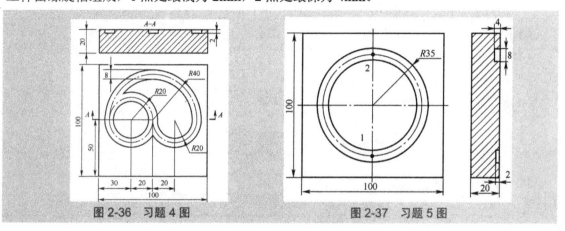

图 2-36 习题 4 图　　　　　图 2-37 习题 5 图

6. 现有一毛坯为 100mm×100mm× 20mm 的塑料板，试铣削成如图 2-38 所示的零件。

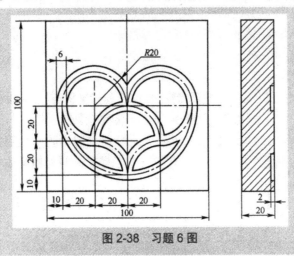

图 2-38 习题 6 图

7. 毛坯为已经加工成长方体 65mm×50mm×45mm 的塑料板，试铣削成如图 2-39 所示的 T 形沟槽零件。

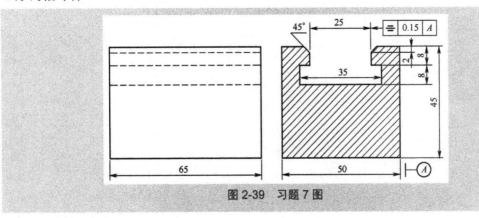

图 2-39 习题 7 图

三、项目评价评分表

1. 个人知识和技能评价

评价项目	项目评价内容	分值	自我评价	小组评价	教师评价	得分
项目理论知识	① 指令格式及走刀路线	5				
	② 基础知识融会贯通	5				
	③ 零件图纸分析	5				
	④ 制定加工工艺	5				
	⑤ 加工技术文件的编制	5				
项目实操技能	① 程序的输入	5				
	② 图形模拟	10				
	③ 刀具、毛坯的装夹及对刀	5				

续表

评价项目	项目评价内容	分值	自我评价	小组评价	教师评价	得分
项目实操技能	④ 加工工件	5				
	⑤ 尺寸与粗糙度等的检验	5				
	⑥ 设备维护和保养	10				
安全文明生产	① 正确开、关机床	5				
	② 工具、量具的使用及放置	5				
	③ 机床维护和安全用电	5				
	④ 卫生保持及机床复位	5				
职业素质培养	① 出勤情况	5				
	② 车间纪律	5				
	③ 团队协作精神	5				
合计总分						

2. 小组学习活动评价表

班级：_____ 小组编号：_____ 成绩：_____

评价项目	评价内容及评价分值			学员自评	同学互评	教师评分
分工合作	优秀（12～15分）	良好（9～11分）	继续努力（9分以下）			
	小组成员分工明确，任务分配合理，有小组分工职责明细表	小组成员分工较明确，任务分配较合理，有小组分工职责明细表	小组成员分工不明确，任务分配不合理，无小组分工职责明细表			
获取与项目有关质量、市场、环保等内容的信息	优秀（12～15分）	良好（9～11分）	继续努力（9分以下）			
	能使用适当的搜索引擎从网络等多种渠道获取信息，并合理地选择信息、使用信息	能从网络获取信息，并较合理地选择信息、使用信息	能从网络或其他渠道获取信息，但信息选择不正确，信息使用不恰当			
实操技能操作情况	优秀（16～20分）	良好（12～15分）	继续努力（12分以下）			
	能按技能目标要求规范完成每项实操任务，能正确分析机床可能出现的报警信息，并对显示故障能迅速排除	能按技能目标要求规范完成每项实操任务，但仅能部分正确分析机床可能出现的报警信息，并对显示故障能迅速排除	能按技能目标要求完成每项实操任务，但规范性不够。不能正确分析机床可能出现的报警信息，不能迅速排除显示故障			
基本知识分析讨论	优秀（16～20分）	良好（12～15分）	继续努力（12分以下）			

评价项目	评价内容及评价分值			学员 自评	同学 互评	教师 评分
基本知识 分析讨论	讨论热烈、各抒己见，概念准确、原理思路清晰、理解透彻，逻辑性强，并有自己的见解	讨论没有间断、各抒己见，分析有理有据，思路基本清晰	讨论能够展开，分析有间断，思路不清晰，理解不够透彻			
成果展示	优秀（24～30分）	良好（18～23分）	继续努力（18分以下）			
	能很好地理解项目的任务要求，成果展示逻辑性强，熟练利用信息技术平台进行成果展示	能较好地理解项目的任务要求，成果展示逻辑性较强，能较熟练利用信息技术平台进行成果展示	基本理解项目的任务要求，成果展示停留在书面和口头表达，不能熟练利用信息技术平台进行成果展示			
合计总分						

>>>> 项目小结 <<<<

❶ FANUC 0i Mate—TD 与 FANUC 0i Mate—MD 中一些指令的区别（见下表）

指令代码	FANUC 0i Mate—TD	FANUC 0i Mate—MD
G17	卧式数控车床不用	立式数控铣床或铣削加工中心默认的模态指令，选择 $xОy$ 平面为加工平面
G18	卧式数控车床默认的模态指令，选择 $zОx$ 平面为加工平面	立式数控铣床或铣削加工中心也可使用，选择 $zОx$ 平面为加工平面
G19	卧式数控车床不用	立式数控铣床或铣削加工中心也可使用，选择 $yОz$ 平面为加工平面
G90	表示单一固定循环指令	表示绝对坐标编程（绝对坐标使用 X、Y 和 Z）
G91	不用（增量坐标直接使用 U、V 和 W）	表示增量坐标编程（增量坐标使用 X、Y 和 Z）
G92	表示螺纹切削循环	设定工件坐标系（数控车中用G50）
G94	表示端面车削循环指令	表示每分钟进给
G95		表示每转进给
G98	表示每分钟进给	钻孔循环指令返回初始平面
G99	表示每转进给	钻孔循环指令返回 R 平面

② **快速定位指令 G00 和直线插补指令 G01**

快速定位指令 G00 用于非加工时的快速定位，由于各轴进给不联动，各轴方向的移动速度由系统参数设定，因此实际移动的路径可能出现为一条折线，为避免快速定位过程中刀具与工件、夹具发生干涉，每个程序段最好使刀具沿一条轴线或一个平面快速定位，尽量避免在 G00 指令中同时使用 X、Y 和 Z 三个地址字。直线插补指令 G01 用于直线加工，各轴联动，进给速度由 F 指令指定，在各轴上的进给速度为 F 的各个分量。

③ **圆弧插补指令 G02 和 G03**

使用圆弧插补指令应首先选定圆弧插补所在的平面。圆弧插补方向的判断要逆着第三轴的方向，观察刀具运动的方向是顺时针，还是逆时针。指定圆心有两种方法：半径 R 和圆心对圆弧起点的矢量。若圆弧圆心角小于 $180°$ 时 R 用正值表示；圆弧圆心角等于 $180°$ 时 R 值正负均可；圆弧圆心角大于 $180°$ 时 R 用负值表示；整圆不能使用 R 指定圆心位置，而只能使用坐标矢量指定。在使用半径 R 指定圆心时，R 不具有续效性，连续铣削等径圆弧时不能省略不写。

④ **长度补偿指令 G43、G44 和取消长度补偿指令 G49**

在实际的数控加工中经常需要使用多把刀具，且刀具的长短不同，为使不同长度的刀具都能够正确加工工件，数控铣床和铣削加工中心一般都具有刀具长度补偿功能。在编程的过程中，编程者可以在不知道刀具长度的情况下，按假定的标准刀具长度编程。当使用不同规格的刀具或刀具磨损后，可通过调整刀具长度补偿指令所调用的刀具长度补偿值来补偿刀具尺寸的变化，而不必重新调整刀具或重新对刀。G43 为刀具长度正补偿，使用较多，G44 为刀具长度负补偿，使用较少，G49 为刀具长度补偿的取消。

项目三

轮廓的铣削

在盘类和箱类工件的加工中经常见到外轮廓、内轮廓和内腔槽等，如图 3-1 所示。这些轮廓面一般是具有直线、圆弧或曲线的二维轮廓表面，尺寸精度较高，形状也较为复杂。这类轮廓面该如何加工呢？加工中又如何控制内外轮廓的尺寸精度和铣削深度呢？以下将进行讲解。

图 3-1 外轮廓、内轮廓和内腔槽

项目学习目标

	学 习 目 标	学 习 方 式	学 时
技能目标	铣削内/外轮廓和内腔等	机床实践操作	40
知识目标	① 理解 G40、G41、G42 和 D 指令并正确使用； ② 掌握利用半径补偿进行粗/精加工，并掌握控制轮廓尺寸精度的方法； ③ 掌握内外轮廓和内腔的加工工艺和方法； ④ 掌握 M98 和 M99 在分层铣削中的应用； ⑤ 掌握 G68 和 G69 指令并正确使用； ⑥掌握局部坐标系指令 G52 的使用方法	理论学习，仿真软件演示，上机操作练习	12
情感目标	树立崇尚科学的观念，培养善于观察、善于思考和自主学习的能力，具有良好的思想品德、敬业精神及协调人际关系的能力。具有宽容心，参与意识强，有自信心	师生沟通，言传身教	

　　轮廓的铣削是数控铣削的重点之一。为熟练掌握铣削各种轮廓的技能，根据认知规律由易到难地安排了四个任务。从车削外轮廓开始，到内轮廓，再到内腔槽，最后是复杂轮廓的铣削，全面介绍了轮廓工件的铣削工艺和相关指令的使用方法。特别是使用刀具半径补偿控制加工尺寸的方法是本项目的重要内容。

项目基本功

任务一　外轮廓的铣削

基 本 技 能

　　毛坯为六面已经加工过的 100mm×80mm×20mm 的塑料板，试铣削成如图 3-2 所示的零件。

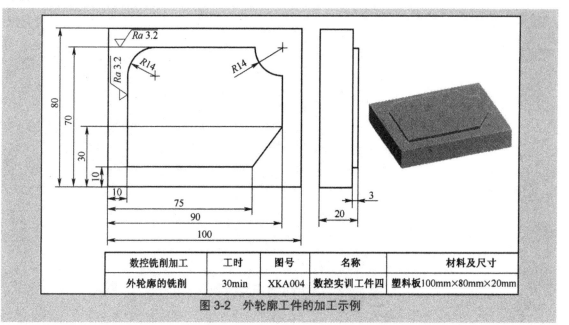

数控铣削加工	工时	图号	名称	材料及尺寸
外轮廓的铣削	30min	XKA004	数控实训工件四	塑料板100mm×80mm×20mm

图 3-2　外轮廓工件的加工示例

一、分析加工工艺

1．零件图和毛坯的工艺分析

（1）工件轮廓线由直线和两个 $R14$ 圆弧构成，轮廓高 3mm。

（2）该工件表面粗糙度 Ra 为 3.2μm，加工中安排粗铣加工和精铣加工。

2．确定装夹方式和加工方案

（1）装夹方式：采用机用平口钳装夹，底部用等高垫块垫起，使加工表面高于钳口 10mm。

（2）加工方案：本着先粗后精和先主后次的原则，首先使用粗铣立铣刀 T02 采用逆铣的方式粗铣外轮廓，在 X 和 Y 方向单边留 0.1mm，Z 方向留有 0.2mm 的精铣余量，然后使用精铣立铣刀 T03 采用顺铣的方式精铣外轮廓，最后清除边角残留。

3．选择刀具

（1）选择使用 ϕ24mm 的三刃粗铣立铣刀 T02 粗铣外轮廓。

（2）选择使用 ϕ24mm 的四刃精铣立铣刀 T03 精铣外轮廓，同时清除边角残留。

4．确定加工顺序和走刀路线

（1）建立工件坐标系的原点：设在工件上底面的左下角顶点上。

（2）确定起刀点：设在工件坐标系原点的上方 100mm 处。

（3）确定下刀点：设在 a 点上方 100mm（X-20 Y-20 Z100）处。

（4）确定走刀路线：三刃立铣刀的粗铣走刀路线 $a \rightarrow i \rightarrow h \rightarrow g \rightarrow f \rightarrow e \rightarrow d \rightarrow c \rightarrow b \rightarrow a$；四刃立铣刀的精铣走刀路线 $a \rightarrow b \rightarrow c \rightarrow d \rightarrow e \rightarrow f \rightarrow g \rightarrow h \rightarrow i \rightarrow a$；四刃立铣刀清除残留的路线 $a \rightarrow j \rightarrow k$。走刀路线如图 3-3 所示。走刀路线采用延长线切入和延长线切出的方式。粗铣时在 ai 段引入刀具半径补偿，ba 段取消刀具半径补偿；精铣时在 ab 段引入刀具半径补偿，ia 段取消刀具半径补偿。

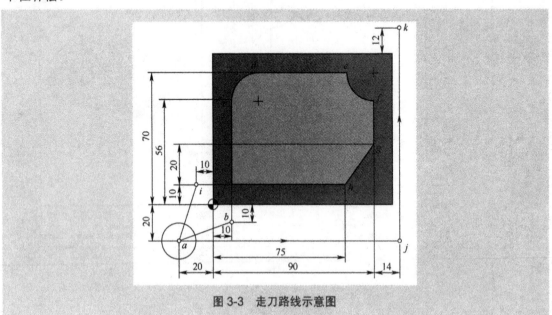

图 3-3　走刀路线示意图

二、编写加工技术文件

1. 工序卡（见表 3-1）

表 3-1　数控实训工件四的工序卡

材料	塑料板	产品名称或代号		零件名称		零件图号	
		N004		外轮廓		XKA004	
工序号	程序编号	夹具名称		使用设备		车间	
0001	O0004	机用平口钳		VMC 850-E		数控车间	
工步号	工步内容	刀具号	刀具规格 ϕ （mm）	主轴转速 n（r/min）	进给量 f（mm/min）	背吃刀量 a_p（mm）	备注
1	粗铣外轮廓	T02	ϕ24mm 的三刃立铣刀	400	60	2.8	自动 O0004
2	精铣外轮廓	T03	ϕ24mm 的四刃立铣刀	400	80	0.2	
编制		批准		日期		共 1 页	第 1 页

2. 刀具卡（见表 3-2）

表 3-2　数控实训工件四的刀具卡

产品名称或代号	N004	零件名称	外轮廓		零件图号		XKA004
刀具号	刀具名称	刀具规格 ϕ（mm）	加工表面	刀具半径补偿号 D	补偿值（mm）	刀具长度补偿号 H	补偿值（mm）	备注
T02	三刃粗铣立铣刀	24	铣外轮廓	D02	12.1	H02	−190.312	在对刀时确定刀长的补偿值
T03	四刃精铣立铣刀	24	铣外轮廓	D03	12	H03	−189.236	
编制		批准		日期		共 1 页	第 1 页

3. 编写参考程序（毛坯 100mm×80mm×20mm）

（1）计算节点坐标（见表 3-3）

表 3-3　节点坐标

节　点	X 坐标值	Y 坐标值	节　点	X 坐标值	Y 坐标值
O	0	0	f	90	56
a	−20	−20	g	90	30
b	10	−10	h	75	10
c	10	56	i	−10	10
d	24	70	j	104	−20
e	76	70	k	104	92

（2）编制加工程序（见表3-4 或表3-5）

表3-4　数控实训工件四的参考程序（一）

程 序 段 号	程 序 内 容	说　　明
程序号：O0004		
N10	G17 G21 G40 G49 G54 G90 G94;	调用工件坐标系，设置编程环境
N20	T02 M06;	换三刃立铣刀（数控铣床中手工换刀）
N30	S400 M03;	开启主轴
N40	G43 G00 Z100 H02;	将刀具快速定位到初始平面
N50	X-20 Y-20;	快速定位到下刀点（X-20 Y-20 Z100）
N60	Z5 M08;	快速定位到 R 平面，开启切削液
N70	G01 Z-2.8 F60;	进刀
N80	G42 G01 X-10 Y10 D02;	调用半径补偿，快速定位到 i 点
N90	G01 X75;	铣削工件到 h 点
N100	X90 Y30;	铣削工件到 g 点
N110	Y56;	铣削工件到 f 点
N120	G02 X76 Y70 R14;	铣削工件到 e 点
N130	G01 X24;	铣削工件到 d 点
N140	G03 X10 Y56 R14;	铣削工件到 c 点
N150	G01 Y-10;	铣削工件到 b 点
N160	G40 G00 X-20 Y-20;	取消半径补偿，返回到 a 点
N170	G00 Z100 M09;	快速返回到初始平面，关闭切削液
N180	X0 Y0;	返回到工件原点
N190	M05;	主轴停止
N200	M00;	程序暂停
N210	T03 M06;	换四刃立铣刀（数控铣床中手工换刀）
N220	S400 M03;	开启主轴
N230	G43 G00 Z100 H03;	将刀具快速定位到初始平面
N240	X-20 Y-20;	快速定位到下刀点（X-20 Y-20 Z100）
N250	Z5;	快速定位到 R 平面
N260	G01 Z-3 F80;	进刀
N270	G41 G01 X10 Y-10 D03;	调用半径补偿，快速定位到 b 点
N280	G01 Y56;	铣削工件到 c 点
N290	G02 X24 Y70 R14;	铣削工件到 d 点
N300	G01 X76;	铣削工件到 e 点
N310	G03 X90 Y56 R14;	铣削工件到 f 点
N320	G01 Y30;	铣削工件到 g 点
N330	X75 Y10;	铣削工件到 h 点
N340	X-10;	铣削工件到 i 点

续表 3-4

程序段号	程序内容	说　明
程序号：O0004		
N350	G40 G00 X-20 Y-20;	取消半径补偿，返回到 *a* 点
N360	X104;	快速定位到 *j* 点
N370	G01 Y92 F80;	清理残留到 *k* 点
N380	G00 Z100;	快速返回到初始平面
N390	X0 Y0;	返回到工件原点
N400	M05;	主轴停止
N410	M30;	程序结束

表 3-5　数控实训工件四的参考程序（二）

程序段号	程序内容		说　明
程序号：O0004			
N10	G17 G21 G40 G49 G54 G90 G94;		调用工件坐标系，绝对坐标编程
N20	T02 M06;	T03 M06;	换立铣刀（数控铣床中手工换刀）
N30	S400 M03;	S400 M03;	开启主轴
N40	G43 G00 Z100 H02;	G43 G00 Z100 H03;	将刀具快速定位到初始平面
N50	X-20 Y-20;	X-20 Y-20;	定位到下刀点（X-20 Y-20 Z100）
N60	Z5 M08;	Z5 M08;	快速定位到 *R* 平面，开启切削液
N70	G01 Z-2.8 F60;	G01 Z-3 F80;	进刀到铣削深度
N80	G41 G01 X10 Y-10 D02;	G41 G01 X10 Y-10 D03;	调用半径补偿，快速定位到 *b* 点
N90	G01 Y56;		铣削工件到 *c* 点
N100	G02 X24 Y70 R14;		铣削工件到 *d* 点
N110	G01 X76;		铣削工件到 *e* 点
N120	G03 X90 Y56 R14;		铣削工件到 *f* 点
N130	G01 Y30;		铣削工件到 *g* 点
N140	X75 Y10;		铣削工件到 *h* 点
N150	X-10;		铣削工件到 *i* 点
N160	G40 G00 X-20 Y-20;		取消半径补偿，返回到 *a* 点
N170	X104;		快速定位到 *j* 点
N180	G01 Y92 F80;		清理残留到 *k* 点
N190	G00 Z100 M09;		快速返回到初始平面，关闭切削液
N200	X0 Y0;		返回到工件原点
N210	M05;		主轴停止
N220	M30;		程序结束

三、加工工件

1. 使用寻边器和 Z 轴设定器对刀，建立工件坐标系

（1）装夹工件并找正。

（2）安装寻边器。

（3）在 MDI 方式下，输入"S100 M03;"，按下"循环启动"按钮开启主轴。

（4）X 方向对刀方法如下。

① 在手轮模式中，倍率旋钮置于"×100"，移动寻边器从−X 方向靠近工件，指示灯点亮，反方向退出，指示灯刚好灭；倍率旋钮置于"×10"，移动寻边器从−X 方向靠近工件，指示灯点亮，反方向退出，指示灯刚好灭；倍率旋钮置于"×1"，移动寻边器从−X 方向靠近工件，指示灯刚好点亮，如图 3-4 所示，将此时的机床相对坐标清零。

② 在手轮模式中，移动寻边器从+X 方向靠近工件，倍率旋钮置于"×100"，移动寻边器从+X 方向靠近工件，指示灯点亮，反方向退出，指示灯刚好灭；倍率旋钮置于"×10"，移动寻边器从+X 方向靠近工件，指示灯点亮，反方向退出，指示灯刚好灭；倍率旋钮置于"×1"，移动寻边器从+X 方向靠近工件，指示灯刚好点亮，如图 3-5 所示。记下此时的机床相对坐标 X。

图 3-4　寻边器测头从−X 方向接触工件

图 3-5　寻边器测头从+X 方向接触工件

③ 在手轮模式中，移动寻边器到相对坐标 X/2，即 X 方向的中点。

④ 在综合坐标系中读得此时的机械坐标 X 值，沿路径"OFS/SET/坐标系"打开工件坐标系设定界面，将该机械坐标 X 值输入到番号 01 组 G54 的 X 坐标偏置值中。

（5）Y 方向对刀方法类同于 X 方向对刀，如图 3-6 所示。

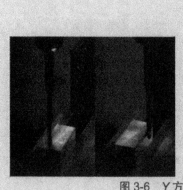

工件坐标系设定			O0004	N00000
(G54)				
番号		数据	番号	数据
00　X		0.000	02　X	0.000
(EXT)　Y		0.000	(G55)　Y	0.000
Z		0.000	Z	0.000
01　X		−416.013	03　X	0.000
(G54)　Y		−193.035	(G56)　Y	0.000
Z		0.000	Z	0.000
>_				
EDIT *** ***			21:09:33	
【No检索】【 测量 】【 　】【 +输入 】【 输入 】				

图 3-6　Y 方向对刀及设定工件坐标系

（6）Z方向对刀，设定所用刀具的长度补偿值。

① 主轴上手动安装 T02 立铣刀。

② 主轴不转，在手轮模式，移动 T02 刀具，从+Z 方向靠近置于工件上底面上的 Z 轴设定器（高度为 100mm），直到百分表指针指向零，在综合坐标系中读得此时的机械坐标 Z 值。

③ 将该值减去 Z 轴设定器的高度（100mm）后输入长度补偿偏置寄存器 H02 中，如图3-7 所示。

图 3-7　Z 向对刀及设定刀长补偿的界面

④ 更换刀 T03，采用与 T02 相同的办法得到相应的长度补偿值并输入到长度补偿号 H03中。对刀完毕，设定工件坐标系的原理如图 2-28 所示。对刀的过程如图 3-8 所示。

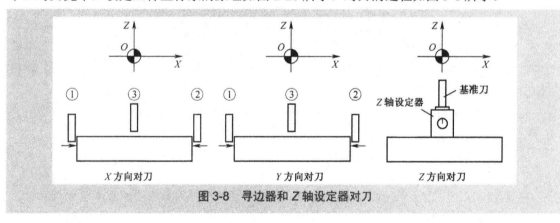

图 3-8　寻边器和 Z 轴设定器对刀

2. 加工操作

加工操作同上一个工件，但在编程时工件零点没有设在上底面的几何对称中心，而对刀时工件零点设在了上底面的几何对称中心。可以通过 00 组 G54 指令进行坐标偏移，使两者一致，如图 3-9 所示。由于工件长 100mm，宽 80mm，因此需要将对刀时的工件零点向-X 方向平移 50mm，向-Y 方向平移 40mm，通过 MDI 面板将-50 输入到 00 组的 X 偏置，将-40 输入到 00 组的 Y 偏置即可。

图 3-9　工件坐标系的偏移

基 本 知 识

一、铣刀齿数的选择

铣刀齿数多，可提高生产效率，但受容屑空间、刀齿强度、机床功率及刚性等的限制，不同直径铣刀的齿数均有相应的规定。为满足不同用户的需要，同一直径的铣刀一般有粗齿、中齿和密齿3种类型。如图3-10所示的为三刃立铣刀和四刃立铣刀。

粗齿铣刀适用于普通机床的大余量粗加工和软材料或切削宽度较大的铣削加工，当机床功率较小时，为使切削稳定，也常选用粗齿铣刀。中齿铣刀系通用系列，使用范围广泛，具有较高的金属切除率和切削稳定性。密齿铣刀主要用于铸铁、铝合金和有色金属的大进给速度切削的加工。在专业化的生产中，为充分利用设备的功率和满足生产节奏的要求，也常选用密齿铣刀。

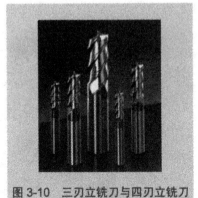

图3-10 三刃立铣刀与四刃立铣刀

二、M08 和 M09 的功能

在机床的加工中，切削液的主要作用是冷却和润滑。常用的切削液主要有水基切削液和油基切削液两类。水基切削液的主要成分是水和乳化液，冷却能力强，常用于粗加工和半精加工。油基切削液的主要成分为各种矿物油和动植物油等，润滑性能突出，主要用于工件的精加工，以获得良好的加工表面质量。

在 FANUC 数控系统中，M08 具有切削液开启的功能，M09 具有切削液关闭的功能。

三、刀具半径补偿指令 G40、G41 和 G42

1．刀具半径的补偿

在数控加工中，由于所使用的刀具都有一定的半径，所以刀具中心的运动轨迹相对于工件的实际轮廓总是偏移一个刀具的半径。如果把工件轮廓换算成刀具中心的运动轨迹进行编程，就需要进行大量的数值计算，比较麻烦，因此，数控系统大多具有刀具半径补偿的功能。利用数控系统的刀具半径补偿功能，编程者可以按照工件的轮廓进行编程。加工时，数控系统能够根据编制的程序和预先设定的偏置参数实时自动计算出刀具中心的运动轨迹，使刀具偏离工件轮廓一个半径值，实现刀具的半径补偿，以便加工出符合图纸要求的工件，如图3-11所示。

2．刀具半径补偿的参数及其设置

（1）刀具半径的补偿值。在数控加工前，测量所使用刀具的直径，计算出半径 r。

（2）刀具半径补偿值的设置。将所使用的刀具的半径值输入到相应的刀具半径补偿号中，如图3-12所示。

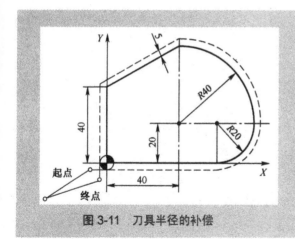

图 3-11 刀具半径的补偿

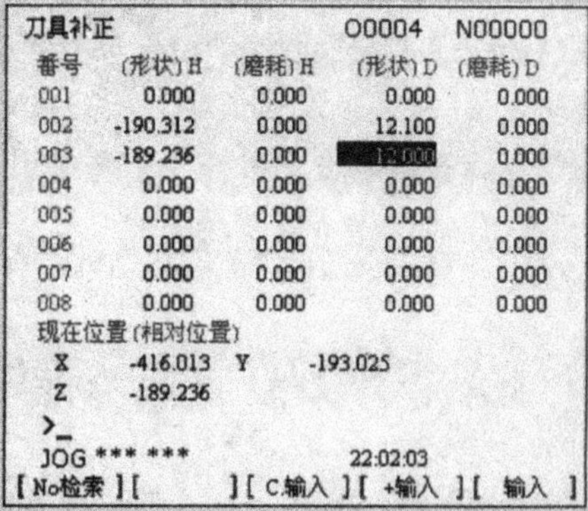

刀具补正				O0004	N00000
番号	(形状)H	(磨耗)H		(形状)D	(磨耗)D
001	0.000	0.000		0.000	0.000
002	-190.312	0.000		12.100	0.000
003	-189.236	0.000		12.000	0.000
004	0.000	0.000		0.000	0.000
005	0.000	0.000		0.000	0.000
006	0.000	0.000		0.000	0.000
007	0.000	0.000		0.000	0.000
008	0.000	0.000		0.000	0.000

现在位置（相对位置）
X -416.013 Y -193.025
Z -189.236
>_
JOG *** ***   22:02:03
【No检索】【   】【C输入】【+输入】【 输入 】

图 3-12 刀具半径补偿的设置

3. 刀具半径补偿指令 G40、G41 和 G42

指令格式：G17 G42 G00/G01 X__Y__D__；
　　　　　G17 G41 G00/G01 X__Y__D__；
　　　　　G17 G40 G00/G01 X__Y__；或 G17 G42/G41 G00/G01 X__Y__D00；

说明如下。

（1）G42 为刀具半径右补偿，即逆着第三轴，顺着刀具运动的方向观察，刀具位于工件右侧时的半径补偿；G41 为刀具半径左补偿，即逆着第三轴，顺着刀具运动的方向观察，刀具位于工件左侧时的半径补偿，如图 3-13 所示。当补偿值取负值时，则 G41 和 G42 进行互换。

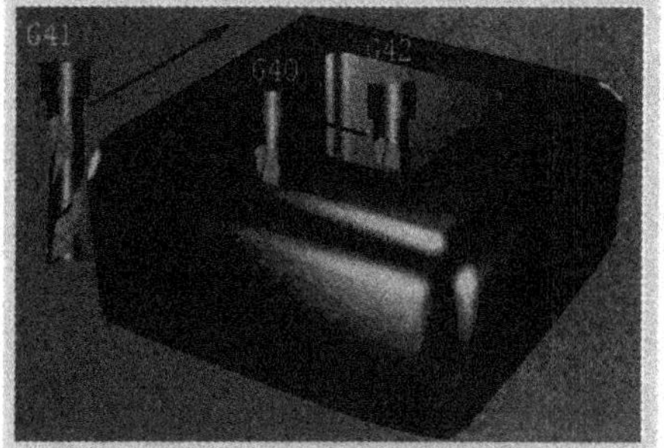

（2）G42 和 G41 均为模态代码，在没有取消前一直有效。

（3）D 代码指定刀具半径补偿量，由地址 D 和后

图 3-13 半径补偿示意图

面的 1~3 位数组成。在半径补偿的过程中 D 代码一直有效，直至指定另一个 D 代码为止。使用中一般要使偏置量与偏置号相对应，由机床操作者通过 CRT/MDI 操作面板预先设在偏置存储器中。

（4）G40 取消刀具半径补偿，也可以通过 D00 来取消。

4. 刀具半径补偿的编程实现

刀具半径补偿有 B 类和 C 类两类方式。在 B 类补偿中，刀具中心轨迹的段间都是用圆弧连接过渡，采用读一段、算一段、走一段的处理方法，故无法预计刀具半径造成的下一段轨迹对本段轨迹的影响。在 C 类补偿中，刀具中心轨迹的段间采用直线连接过渡，实时自动计算刀具中心轨迹的转接交点，采用一次对两段进行处理的方法。先处理本段，再根据下一段来确定刀具中心轨迹的段间过渡状态，从而完成本段刀补的运算处理。C 类刀具半径补偿的运动轨迹分为刀具半径补偿的引入、刀具半径补偿的进行和刀具半径补偿的取消 3 个组成部分，如图 3-14 所示。

（1）刀具半径补偿的引入。当电源接通时，数控系统处于刀偏取消方式，刀具中心的轨迹和编程的轨迹一致。当程序执行到 G41（或 G42）和 D0 以外的 D 代码时，刀具从起点接

近工件，在编程轨迹的基础上，刀具中心向左（G41）或向右（G42）偏离一个偏置量的距离，令数控系统进入偏置状态。引入刀具半径补偿时，刀具必须通过 G00 或 G01 在所补偿的平面内移动完成，且移动的距离应大于刀具半径的补偿值。刀具半径的补偿不能使用 G02（或 G03）引入，否则将出现 P/S 报警。为避免引入半径补偿的过程中出现过切，需要在铣削工件之前引入半径补偿，在该程序段中使刀具从要补偿的方向侧切入要铣削的工件，切入角度不能小于 90°。

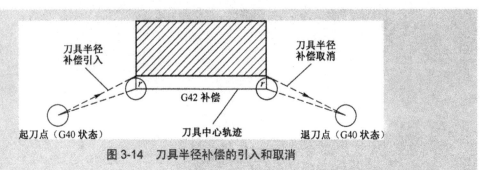

图 3-14　刀具半径补偿的引入和取消

（2）刀具半径补偿的进行。当建立起正确的刀具半径补偿量后，数控系统就将按程序的要求控制刀具中心的运动，使刀具中心的轨迹与编程的轨迹始终偏离一个偏置量的距离，实现对工件的铣削加工。在刀具半径补偿状态中，由定位指令 G00、直线插补指令 G01 或圆弧插指令 G02（或 G03）实现补偿。对于有直线和圆弧构成的轮廓，在编程中前后程序段间进行转接有两种方式，一种为直线延伸型转接，一种为圆弧型转接。不同的转接方式在加工过程中可能造成过切或欠切，特别应引起足够的注意。如图 3-15 所示，铣削外轮廓 $A \rightarrow B \rightarrow C$ 时，图 3-15（a）刀具轨迹 $D \rightarrow E \rightarrow F \rightarrow G \rightarrow H$ 为直线延伸型转接；图 3-15（b）刀具轨迹 $D \rightarrow E \rightarrow F \rightarrow G \rightarrow H$ 为圆弧型转接。图 3-15（c）中刀具沿 $D \rightarrow E \rightarrow F$ 走刀路线为 C 类刀补后的刀具轨迹，可以避免过切的问题。

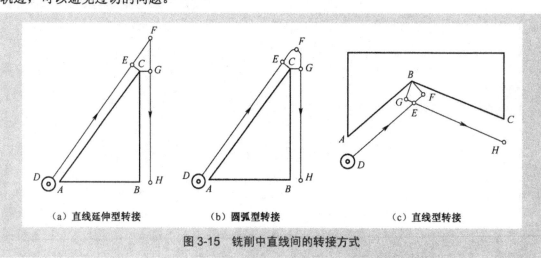

（a）直线延伸型转接　　　（b）圆弧型转接　　　（c）直线型转接

图 3-15　铣削中直线间的转接方式

（3）刀具半径补偿的取消。加工结束时，使刀具返回到开始位置须取消刀具半径补偿。在该过程中，刀具撤离工件，使刀具中心的轨迹终点与编程的轨迹终点（如起刀点）重合。刀具半径补偿的取消也必须通过 G00 或 G01 在所补偿的平面内移动完成，且移动的距离应大于刀具半径补偿值。在取消刀具半径补偿时，还要注意刀具半径补偿的终点应安排在刀具切出工件后，以免发生碰撞或过切。

5．刀具半径补偿指令的应用

（1）根据刀具补偿的方向可以选择使用顺铣或逆铣的加工方式。在刀具正转的情况下，采用左补偿铣削时为顺铣，采用右补偿铣削时为逆铣。采用顺铣时切削力小，切削变形小，通常用于精加工，但容易崩刀；采用逆铣时切削力大，切削变形大，刀具磨损加大，常用于粗加工。从刀具寿命、加工精度和表面粗糙度而言，顺铣效果较好，因而 G41 使用较多。

（2）由于同一把刀可以有多个刀具半径补偿，因此刀具半径补偿功能的另一个很重要的用途是可以使用同一个程序和同一尺寸的刀具实现工件的粗加工和精加工。在粗加工时，将刀具的实际半径加上精加工余量作为刀具半径补偿值输入；在精加工时，只输入刀具的实际半径值（或刀具半径值与修正值的和）。例如，设精加工余量为 Δ，刀具半径为 r，则粗加工时人工输入的刀具偏置值为 $r+\Delta$，即可完成粗加工；在精加工时，设修正量为 δ，输入刀具的半径值 $r+\delta$，即可完成轮廓精加工，如图 3-16 所示。在数控铣削中常常通过修改半径补偿值对零件进行加工修正，以达到相应的尺寸精度。

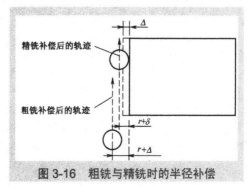

图 3-16　粗铣与精铣时的半径补偿

（3）由于刀具的磨损、重磨或因换刀引起的刀具半径变化时，只需修改相应的偏置参数，不必重新编程。由此，编程人员还可在未知实际使用刀具尺寸的情况下，先假设刀具一定的尺寸来进行编程，实际加工时，再用实际刀具的半径补偿值代替假设刀具的半径值。

（4）刀具补偿功能还可以用于配合件的加工。对于配合件的内外轮廓，在编程时编写成同一程序。在加工外轮廓时将偏置值设为 +D，刀具中心将沿轮廓的外侧切削；在加工内轮廓时将偏置值设为 -D，刀具中心将沿着轮廓的内侧切削。这种方法经常用于模具的加工。

6．使用刀具半径补偿时应注意的事项

（1）若所加工圆弧的半径小于刀具的半径补偿值，进行半径补偿将产生过切削。

（2）若被铣削槽底的宽度小于刀具直径或加工小于刀具半径的台阶，进行半径补偿时也将产生过切削。

（3）G41、G42 和 G40 必须在 G00 或 G01 模式下使用，且 G41 和 G42 不能重复使用。

（4）刀具补偿指令在使用时不允许有两句连续的非移动指令。

（5）刀具补偿值在加工或运行之前必须设定在补偿寄存器中。

四、外轮廓走刀路线的安排

外轮廓铣削时可以安排延长线切入和延长线切出的进退刀方式，避免刀具沿法向切入工件而在工件上留下刀痕，如图 3-17（a）所示。用圆弧插补方式铣削外整圆时，安排刀具从切向进入圆周铣削加工。当整圆加工完毕后，不要在切点处直接退刀，而让刀具多运动一段距离，最好沿切线方向退出，以免取消刀具补偿时刀具与工件表面相碰撞，造成工件报废。外轮廓铣削时也可以安排圆弧切入和圆弧切出的进退刀方式，但坐标运算工作量较大。实际的加工中也可以将两种方式结合起来，如延长线切入和圆弧切出的进退刀方式，如图 3-17（b）

所示。

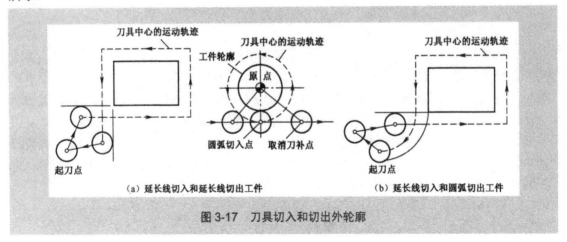

图 3-17　刀具切入和切出外轮廓

五、寻边器和 Z 轴设定器

寻边器有蜂鸣光电式、光电式和机械式 3 种，用于在数控机床上寻找加工件的边，精度可达到 0.01mm。在数控加工中，寻边器主要用于确定工件坐标系原点在机床坐标系上的 X、Y 值，也可以用来测量工件的简单尺寸。光电式寻边器的测头一般为 10mm 的钢球，用弹簧拉紧在光电式寻边器的测杆上，碰到工件时可以退让，并将电路接通，发出光信号。通过光电式寻边器的指示和机床坐标位置即可得到被测表面的坐标位置。光电式寻边器如图 3-18 所示。

Z 轴设定器有光电式和指针式两种，主要用于确定工件坐标系原点在机床坐标系中的 Z 轴坐标，精度可达 0.005mm。Z 轴设定器带有磁性表座，可以牢固地附着在工件或夹具上，其高度一般为 50mm 或 100mm，如图 3-19 所示。

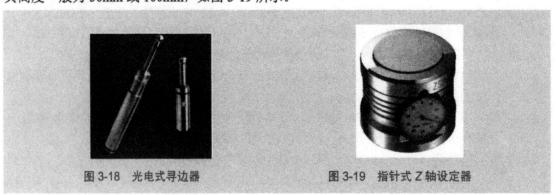

图 3-18　光电式寻边器　　　　　　图 3-19　指针式 Z 轴设定器

六、"一面两孔法"定位装夹工件

在箱体、杠杆和盖板等类零件的加工中，工件常以一平面和两圆孔作为定位基面，简称"一面两孔"定位。工件以一面两孔定位时，夹具上的定位元件是与工件平面相接触的支撑板。用于两个定位圆孔的定位元件有两种情况：一种是两个短圆柱销，另一种是一短圆柱销与一短削边销。"一面两孔"定位的示意图如图 3-20 所示。

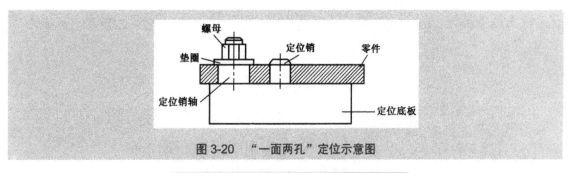

图 3-20　"一面两孔"定位示意图

任务二　内轮廓的铣削

基 本 技 能

毛坯为六面已经加工过的 140mm×100mm×10mm 的塑料板，试铣削成如图 3-21 所示的零件。

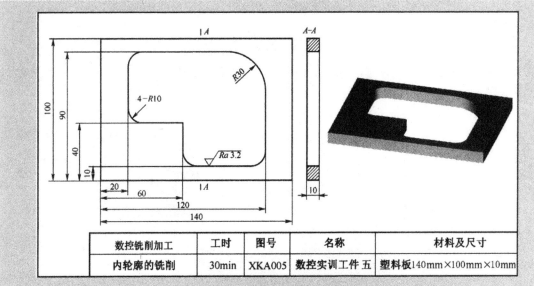

数控铣削加工	工时	图号	名称	材料及尺寸
内轮廓的铣削	30min	XKA005	数控实训工件 五	塑料板140mm×100mm×10mm

图 3-21　内轮廓工件的加工示例

一、分析加工工艺

1．零件图和毛坯的工艺分析

（1）工件轮廓线由直线、四个 $R10$ 圆弧和一个 $R40$ 的圆弧构成，轮廓深 10mm。

（2）该工件的表面粗糙度 Ra 为 3.2μm，加工中安排粗铣加工和精铣加工。

2．确定装夹方式和加工方案

（1）装夹方式：采用机用平口钳装夹，底部用等高垫块垫起。等高垫块应放置在零件轮廓的外侧，以防止在加工的过程中防碍刀具的切削。

（2）加工方案：由于内轮廓不与外界相连，首先使用麻花钻 T02 钻削一个加工的工艺孔，以便于立铣刀 T03 下刀，然后本着先粗后精的原则，分层粗铣内轮廓后，再精铣内轮廓。

3．选择刀具

（1）选择使用 ϕ20mm 的麻花钻 T02 钻削工艺孔。

（2）选择使用 ϕ8mm 的立铣刀 T03 粗、精铣内轮廓。

4．确定加工顺序和走刀路线

（1）建立工件坐标系的原点：设在工件上底面 ϕ10mm 圆弧的圆心上。

（2）确定起刀点：设在工件坐标系原点的上方 100mm 处。

（3）确定下刀点：设在 O 点上方 100mm（X0 Y0 Z100）处。

（4）确定走刀路线：首先使用 ϕ20mm 的麻花钻在工件坐标系的 a 点上钻削一个工艺孔，然后使用 ϕ8mm 的立铣刀分五层粗铣内轮廓，铣削走刀路线为 $a\rightarrow b\rightarrow c\rightarrow d\rightarrow e\rightarrow f\rightarrow g\rightarrow h\rightarrow i\rightarrow j\rightarrow k\rightarrow l\rightarrow m\rightarrow a$，最后使用 ϕ8mm 的立铣刀精铣内轮廓。走刀路线采用延长线切入和延长线切出的方式，ab 段引入刀具半径补偿，ma 段取消刀具半径补偿，如图 3-22 所示。

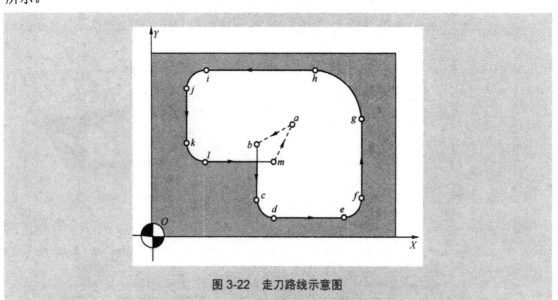

图 3-22　走刀路线示意图

二、编写加工技术文件

1．工序卡（见表 3-6）

表 3-6　数控实训工件五的工序卡

材　　料	塑料板	产品名称或代号	零 件 名 称	零 件 图 号
		N005	内　轮　廓	XKA005
工序号	程序编号	夹具名称	使用设备	车间
0001	O0005	机用平口钳	VMC 850-E	数控车间

续表 3-6

工步号	工步内容	刀具号	刀具规格 ϕ（mm）	主轴转速 n（r/min）	进给量 f（mm/min）	背吃刀量 a_p（mm）	备注
1	钻工艺孔	T02	ϕ20 的麻花钻	300	60		自动 O0005
2	粗铣内轮廓	T03	ϕ8 的立铣刀	1000	150	2	自动 O0005
3	精铣内轮廓	T03	ϕ8 的立铣刀	1000	150	1	
编制		批准		日期		共 1 页	第 1 页

2. 刀具卡（见表 3-7）

表 3-7　数控实训工件五的刀具卡

产品名称或代号	N005	零件名称	内　轮　廓		零 件 图 号		XKA005
刀具号	刀具名称	刀具规格 ϕ（mm）	加工表面	刀具半径补偿号 D	补偿值（mm）	刀具长度补偿号 H	补偿值（mm）	备注
T02	麻花钻	20	钻工艺孔	D02		H02	120.310	刀长补偿操作时确定
T03	立铣刀	8	铣内轮廓	D03	4.1	H03	120.236	
				D04	4			
编制		批准		日期		共 1 页	第 1 页

3. 编写参考程序（毛坯 140mm×100mm×10mm）

（1）计算节点坐标（见表 3-8）

表 3-8　节点坐标

节　点	X 坐标值	Y 坐标值	节　点	X 坐标值	Y 坐标值
O	0	0	g	120	60
a	80	60	h	90	90
b	60	50	i	30	90
c	60	20	j	20	80
d	70	10	k	20	50
e	110	10	l	30	40
f	120	20	m	70	40

（2）编制加工程序（见表 3-9，子程序见表 3-10）

表 3-9　数控实训工件五的参考程序

程序号：O0005		
程 序 段 号	程 序 内 容	说　明
N10	G17 G21 G40 G49 G54 G90 G94；	调用工件坐标系，绝对坐标编程

续表 3-9

	程序号：O0005	
程 序 段 号	程 序 内 容	说 明
N20	T02 M06;	换麻花钻（数控铣床中手工换刀）
N30	S300 M03;	开启主轴
N40	G43 G00 Z100 H02;	将刀具快速定位到初始平面
N50	X80 Y60;	快速定位到下刀点 a（X80 Y60 Z100）
N60	Z5 M08;	快速定位到 R 平面，开启切削液
N70	G01 Z-15 F60;	钻工艺孔
N80	Z5 F200;	以工进速度退刀
N90	G00 Z100 M09;	快速返回到初始平面，关闭切削液
N100	X0 Y0;	返回到工件原点
N110	M05;	主轴停止
N120	M00;	程序暂停
N130	T03 M06;	换立铣刀（数控铣床中手工换刀）
N140	S1000 M03;	开启主轴
N150	G43 G00 Z100 H03;	将刀具快速定位到初始平面
N160	X80 Y60;	快速定位到下刀点 a（X80 Y60 Z100）
N170	Z1 M08;	快速定位到 R 平面，开启冷却液
N180	D03;	半径补偿为 D03
N190	M98 P60021;	粗铣到-11 mm 的深度
N200	G00 Z-9 M09;	快速定位，关闭切削液
N210	D04;	半径补偿为 D04
N220	M98 P0021;	精铣到-11 mm 的深度
N230	G00 Z100;	快速返回到初始平面
N240	X0 Y0;	返回到工件原点
N250	M05;	主轴停止
N260	M30;	程序结束

表 3-10 数控实训工件五的子程序

	程序号：O0021	
程 序 段 号	程 序 内 容	说 明
N10	G91 G01 Z-2 F150;	Z 向进刀-2mm
N20	G90 G41 G00 X60 Y50;	调用半径补偿，快速定位到 b 点
N30	G01 Y20 F150;	铣削工件到 c 点
N40	G03 X70 Y10 R10;	铣削工件到 d 点
N50	G01 X110;	铣削工件到 e 点
N60	G03 X120 Y20 R10;	铣削工件到 f 点

续表 3-10

程序号：O0021		
程 序 段 号	程 序 内 容	说　　明
N70	G01 Y60;	铣削工件到 g 点
N80	G03 X90 Y90 R30;	铣削工件到 h 点
N90	G01 X30;	铣削工件到 i 点
N100	G03 X20 Y80 R10;	铣削工件到 j 点
N110	G01 Y50;	铣削工件到 k 点
N120	G03 X30 Y40 R10;	铣削工件到 l 点
N130	G01 Y70;	铣削工件到 m 点
N140	G40 G00 X80 Y60;	取消半径补偿，返回到 a 点
N150	M99;	程序结束，返回到主程序

三、加工工件

1. 使用标准芯轴、量块或塞尺对刀，建立工件坐标系

（1）装夹工件并找正。

（2）主轴上安装标准芯轴（如 ϕ20mm、H100mm）。

（3）X 方向对刀方法如下。

① 在手轮模式中，移动主轴使芯轴从 $-X$ 方向靠近工件，在芯轴和工件之间加入塞尺或量块（如高度为 10mm 的量块），如图 3-23（a）所示。

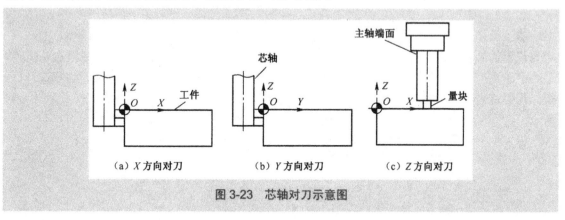

（a）X 方向对刀　　　　（b）Y 方向对刀　　　　（c）Z 方向对刀

图 3-23　芯轴对刀示意图

② 在综合坐标系中读得此时的机械坐标 X 值。

③ 将该 X 值加上芯轴的半径和量块的高度（或塞尺的厚度）之和即为工件左侧面在机床坐标系中的位置坐标。

④ 沿路径 "OFS/SET/坐标系" 打开工件坐标系设定界面，将该 X 坐标偏置值输入到番号 01 组 G54 的 X 坐标偏置中，如图 3-24 所示。

（4）Y 方向对刀方法类同于 X 方向的对刀。

（5）Z 方向对刀方法如下。

① 在手轮模式中，移动芯轴从+Z 方向靠近工件上底面。在芯轴和工件之间以加入量块或塞尺不掉下为宜。

② 在综合坐标系中读得此时的机械坐标 Z 值。

③ 将该值减去量块的高度（或塞尺的厚度）和标准芯轴的高度之和即为工件上底面在机床坐标系中的 Z 轴坐标偏置值。

④ 沿路径"OFS/SET/坐标系"打开工件坐标系设定界面，将该 Z 轴坐标偏置值输入到番号 01 组 G54 的 Z 坐标偏置中。

对刀完毕，对刀过程如图 3-23 所示。设定工件坐标系如图 3-24 所示。由于没有考虑刀长的影响，在安装刀具前，需要首先使用机外对刀仪测量出刀具的长度，输入到相应的刀长补偿番号中，如图 3-25 所示。

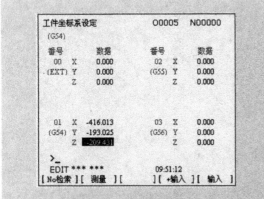

图 3-24　设定工件坐标系

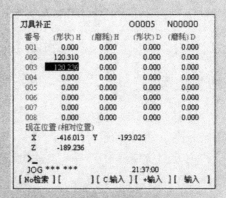

图 3-25　设定刀长补偿的界面

2. 加工操作

加工操作同上一个工件，编程时所设定的工件坐标系原点就在上底面左下角顶点上，与对刀设置的圆点一致，可以直接调出程序进行加工。如果对刀时将工件零点仍然设在在工件上底面的几何中心，可以通过 00 组 G54 指令进行坐标偏移，使二者一致。对照图纸进行分析，需要将对刀时设定的坐标原点向–X 方向平移 70mm，向–Y 方向平移 50mm，如图 3-26 所示。

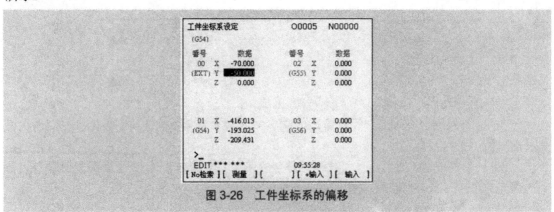

图 3-26　工件坐标系的偏移

加工操作同上一个工件，不再赘述。

基本知识

一、内轮廓的加工工艺

内轮廓不与外界相接，因此在铣削内轮廓时可以使用键槽铣刀加工，也可以首先使用中心钻定位后再用麻花钻钻工艺孔，以利于立铣刀下刀铣削内轮廓。在内轮廓的加工中应考虑选择适当的切入和切出方式。最好能够采用延长线切入和切出的方法，否则要遵守沿切向切入和切出的原则，安排切入和切出过渡圆弧，如图 3-27 所示。粗糙度要求不高时也可以沿过渡圆切入工件而沿法向切离工件。在使用半径补偿编程时，注意在圆弧切入前和圆弧切出后，需要在加工平面内安排使用 G01 引入或取消刀具半径补偿。

二、标准芯轴、量块或塞尺

采用试切的方法对刀，方法比较简单，但会在工件表面留下痕迹，且对刀精度不高，为避免损伤工件表面，可以使用标准芯轴与工件之间加入量块（或塞尺）的方法对刀。对刀的方法类同于试切对刀，但主轴不转。标准芯轴又称作测量棒，选择芯轴时有两个参数，一个是芯轴的直径 D，一个是芯轴的长度 H。塞尺主要用于狭小尺寸的测量，13 片装的塞尺规格有：0.05、0.10、0.15、0.20、0.25、0.30、0.40、0.50、0.60、0.70、0.80、0.90 和 1.00，对刀时根据实际情况选择使用。量块是长度计量的基准，适用于长度尺寸的传递。使用时根据需要选择相应的规格。标准芯轴、塞尺和量块如图 3-28 所示。

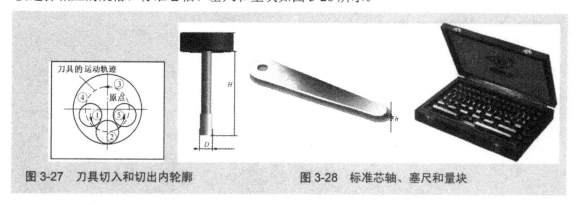

图 3-27　刀具切入和切出内轮廓　　　　图 3-28　标准芯轴、塞尺和量块

三、子程序的调用和返回

在数控铣削中，一个加工程序中的若干位置如果包含有一连串在写法上完全相同或相似的内容，为了简化程序，可以把这些重复的程序段单独列出，并按一定的格式编写成子程序。主程序在执行过程中如果需要某一子程序，可以通过调用指令来调用该子程序。系统在子程序执行结束后自动返回主程序，继续执行后面的程序段。子程序的使用可以减少不必要的重复编程，又提高了存储器的利用率。

指令格式：M98 P**** ****;

说明：M98 为子程序调用字。

P 后面的前 4 位为重复调用次数，省略时为调用一次；后 4 位为子程序号。

在主程序中通过 M98 指令进行子程序的调用，最多可以调用 9999 次。子程序结束时通过 M99 指令返回主程序。子程序的程序名与程序段的结构和主程序的相同，编辑方法和主程序的相同，如图 3-29 所示。

子程序经常应用于零件上有若干处相同的轮廓形状的情况，编程时只需要编写一个子程序，然后在主程序中调用该子程序就可以了；子程序还经常应用于加工反复出现有相同轨迹的走刀路线，被加工的零件需要刀具在某一区域内分层或分行反复走刀，走刀的轨迹总是出现某一特定的形状，采用子程序比较方便，如图 3-30 所示。此时，通常要以增量方式编程。

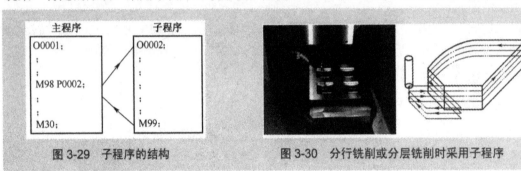

图 3-29　子程序的结构　　　　　图 3-30　分行铣削或分层铣削时采用子程序

使用子程序时，应注意主程序中的编程方式可能被子程序所改变。例如，主程序采用 G90 方式编程，而子程序采用 G91 方式编程，则返回主程序时为 G91 编程方式，编程者应根据需要选择相应的编程方式。另外，在主程序调用子程序时，如果需要刀具半径补偿，最好在子程序中引入和取消刀具半径补偿，不要在刀具半径补偿状态下调用子程序，否则，系统可能出现程序出错报警，如图 3-31 所示。

图 3-31　在子程序中调用半径补偿

任务三　内腔的铣削

基本技能

毛坯为六面已经加工过的 100mm×70mm×20mm 的塑料板，试铣削成如图 3-32 所示的零件。

一、分析加工工艺

1．零件图和毛坯的工艺分析

（1）工件由一个腔槽构成，轮廓线由直线和 $R8$ 的圆弧构成，腔槽深 3mm。

（2）该工件表面粗糙度 Ra 为 3.2μm，加工中需要安排粗铣加工和精铣加工。

2．确定装夹方式和加工方案

（1）装夹方式：采用机用平口钳装夹，底部用等高垫块垫起，使工件上底面高于钳口 5mm，以便于对刀操作。

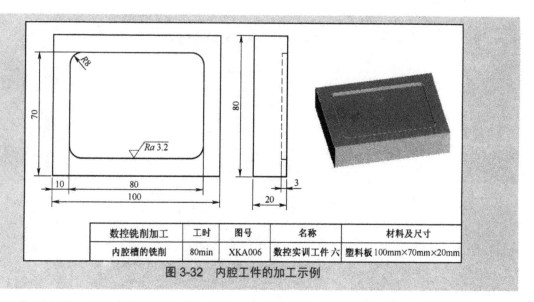

数控铣削加工	工时	图号	名称	材料及尺寸
内腔槽的铣削	80min	XKA006	数控实训工件 六	塑料板 100mm×70mm×20mm

图 3-32　内腔工件的加工示例

（2）加工方案：由于内腔槽不与外界相连，本着先粗后精的原则，首先使用键槽铣刀 T02 采用行切法粗铣内腔槽，再使用立铣刀 T03 精铣圆角矩形内轮廓。

3．选择刀具

（1）选择使用 ϕ14mm 的键槽铣刀 T02 粗铣圆角矩形内腔槽。

（2）选择使用 ϕ14mm 的立铣刀 T03 精铣圆角内轮廓。

4．确定加工顺序和走刀路线

（1）建立工件坐标系的原点：设在工件上底面几何对称中心上。

（2）确定起刀点：设在工件坐标系原点的上方 100mm 处。

（3）确定下刀点：行切内腔槽时设在 a 点上方 100mm（X–31 Y–21 Z100）处；环铣内腔槽时设在 g 点上方 100mm（X0 Y0 Z100）处。

（4）确定走刀路线：首先使用 ϕ14mm 的键槽铣刀 T02 在 a 点下刀到铣削深度，采用行切法粗铣内腔槽，走刀路线如图 3-33（a）所示，然后换 ϕ14mm 的立铣刀 T03 采用环切法精铣方腔槽，走刀路线如图 3-33（b）所示，g→h→i→j→k→l→m→n→o→p→q→i→r→g。在精铣中走刀路线采用圆弧切入、圆弧切出的进退刀方式，gh 段引入刀具半径补偿，rg 段取消刀具半径补偿。

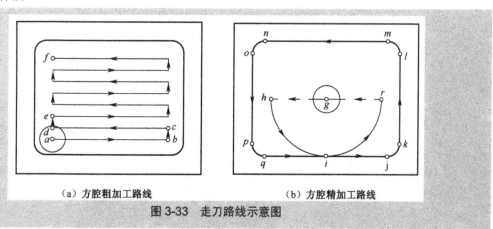

（a）方腔粗加工路线　　　　（b）方腔精加工路线

图 3-33　走刀路线示意图

二、编写加工技术文件

1. 工序卡（见表3-11）

表3-11 数控实训工件六的工序卡

材 料	塑料板	产品名称或代号		零 件 名 称		零 件 图 号	
		N006		内 轮 廓		XKA006	
工序号	程序编号	夹具名称		使用设备		车间	
0001	O0006	机用平口钳		VMC 850-E		数控车间	
工步号	工步内容	刀具号	刀具规格 ϕ（mm）	主轴转速 n（r/min）	进给量 f（mm/min）	背吃刀量 a_p（mm）	备注
1	行切方腔槽	T02	ϕ14 键槽铣刀	700	70	3	自动 O0006
2	精铣方腔廓	T03	ϕ14 立铣刀	700	35	3	
3	清除毛刺						手工
编制		批准		日期		共1页	第1页

2. 刀具卡（见表3-12）

表3-12 数控实训工件六的刀具卡

产品名称或代号	N006	零件名称	内 轮 廓		零 件 图 号		XKA006	
刀具号	刀具名称	刀具规格 ϕ（mm）	加工表面	刀具半径 补偿号 D	补偿值（mm）	刀具长度 补偿号 H	补偿值（mm）	备注
T02	键槽铣刀	14	铣腔槽	D02		H02	120.310	刀长补偿操作时确定
T03	立铣刀	14	环铣腔槽	D03	7.1　7	H03	120.236	
编制		批准		日期			共1页	第1页

3. 编写参考程序（毛坯 100mm×70mm×20mm）

（1）数值运算

方腔长80mm、宽60mm。行切法粗铣方腔时四周留2mm余量，铣削时实际的矩形槽宽为56mm。如果铣削的宽度设为6mm，则行切次数为（56-8）/6=8，使用子程序调用时调用次数为4次，如图3-34所示。如果商不为整数，可在子程序调用后再单独安排铣削。

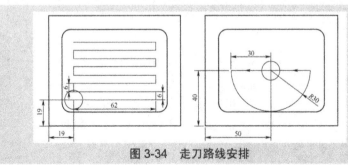

图3-34 走刀路线安排

轮廓的铣削

（2）计算节点坐标（见表 3-13）

表 3-13　节点坐标

节　点	X 坐 标 值	Y 坐 标 值	节　点	X 坐 标 值	Y 坐 标 值
a	−31	−21	j	32	−30
b	31	−21	k	40	−22
c	31	−15	l	40	22
d	−31	−15	m	32	30
e	−31	−9	n	−32	30
f	−31	21	o	−40	22
g	0	0	p	−40	−22
h	−30	0	q	−32	−30
i	0	−30	r	30	0

（3）编制加工程序（见表 3-14，子程序见表 3-15）

表 3-14　数控实训工件六的参考程序

程序号：O0006		
程 序 段 号	程 序 内 容	说　明
N10	G17 G21 G40 G49 G54 G90 G94；	调用工件坐标系，设置工作环境
N20	T02 M06；	换键槽铣刀（数控铣床中手工换刀）
N30	S700 M03；	开启主轴
N40	G43 G00 Z100 H02；	将刀具快速定位到初始平面
N50	X−31 Y−21；	快速定位到下刀点（X−31 Y−21 Z100）
N60	Z2 M08；	快速定位到 R 平面，开启切削液
N70	M98 P40022；	行切内腔槽
N80	G90 G00 Z100 M09；	快速返回到初始平面，关闭切削液
N90	X0 Y0；	返回到工件原点
N100	M05；	主轴停止
N110	M00；	程序暂停
N120	T03 M06；	换立铣刀（数控铣床中手工换刀）
N130	S700 M03；	开启主轴
N140	G43 G00 Z100 H03；	将刀具快速定位到初始平面
N150	X0 Y0；	快速定位到下刀点 g（X0 Y0 Z100）
N160	Z5 M08；	快速定位到 R 平面，开启冷却液
N170	G01 Z−3 F35；	粗铣削到−3mm 的深度
N180	G41 G01 X−30 D03；	进给到 h 点，引入刀具半径补偿
N190	G03 X0 Y−30 R30；	圆弧切入到 i 点
N200	G01 X32；	铣削到 j 点
N210	G03 X40 Y−22 R8；	铣削到 k 点

续表 3-14

	程序号：O0006	
程 序 段 号	程 序 内 容	说 明
N220	G01 Y22;	铣削到 *l* 点
N230	G03 X32 Y30 R8;	铣削到 *m* 点
N240	G01 X−32;	铣削到 *n* 点
N250	G03 X−40 Y22 R8;	铣削到 *o* 点
N260	G01 Y−22;	铣削到 *p* 点
N270	G03 X−32 Y−30 R8;	铣削到 *q* 点
N280	G01 X0;	铣削到 *i* 点
N290	G03 X30 Y0 R30;	圆弧切出到 *r* 点
N300	G40 G01 X0 Y0;	返回到 *g* 点，退出刀具半径补偿
N310	G00 Z100 M09;	快速返回到初始平面，关闭切削液
N320	M05;	主轴停止
/N330	M99 P110;	选择是否精铣，精铣时修改 D03 的补偿值
N340	M30;	程序结束

表 3-15 数控实训工件六的子程序

	程序号：O0022	
程 序 段 号	程 序 内 容	说 明
N10	G91 G01 Z−5 F70;	*Z* 向进刀
N20	X62;	铣削工件到 *b* 点
N30	Y6;	铣削工件到 *c* 点
N40	X−62;	铣削工件到 *d* 点
N50	G00 Z5;	*Z* 向退刀
N60	Y6;	快速定位到 *e* 点
N70	M99;	程序结束，返回主程序

三、加工工件

加工操作同上一个工件，不再赘述。在首件加工中，操作者首先将 D03 设置为 7.1mm，精铣余量为 0.1mm。程序执行到 M00 时，测量后修正 D03，然后继续执行程序以精铣内轮廓。

基 本 知 识

一、内腔槽的加工工艺

内腔槽是指以封闭曲线为边界的平底凹槽。粗铣时用键槽铣刀铣削或钻削工艺孔后用平底立铣刀铣削；精铣时铣刀半径应不大于内槽圆角，可以采用行切法铣削，如图 3-35（a）所示，也可以采用环切法铣削，如图 3-35（b）所示。行切法的进给路线比环切法短，但行切法在进给的起点和终点间留有残留，难以达到所要求的表面粗糙度；采用环切法获得的表面粗糙度好于行切法，但刀具路径计算困难。实际加工时经常先采用行切法去除中间部分，最后环切一刀，总的走刀路线较短且能够获得较好的表面粗糙度，如图 3-35（c）所示。

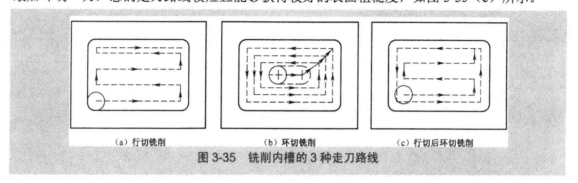

（a）行切铣削　　　　　（b）环切铣削　　　　　（c）行切后环切铣削

图 3-35　铣削内槽的 3 种走刀路线

二、跳步功能

在程序段号的前面放上一个跳步符号"/"，当机床跳步功能被选中时，程序在执行的过程中，带有跳步符号的程序段被自动跳过，不予执行。如果没有选中跳步符号，带有跳步符号的程序段同没有跳步符号的程序段一样得以执行。

三、M99 指令的特殊用法

（1）M99 指令可以使子程序返回到主程序的某一程序段中。

通常，子程序使用 M99 指令，则子程序执行完毕后，自动返回到主程序中调用该子程序段的下一个程序段继续进行。但是，子程序返回程序段如果是"M99 P__;"，则子程序将返回到主程序中由 P 指定的那个程序段中。

编程格式：M99 P__;

（2）M99 可以改变程序的流向。

如果在主程序中执行 M99 指令，则程序将返回到主程序的开头位置并继续执行程序；如果在主程序中插入"M99 P__;"，则当程序执行到该程序段后自动转移到由 P 指定的程序段中并继续向下执行。因此，在主程序中安排使用 M99 指令可以实现程序的循环和跳转。为了能够选择是否控制程序循环或跳转，可以在使用 M99 指令的程序段前插入跳步符号"/"。当选中 MDI 面板上的跳步功能时，程序执行到使用 M99 指令的程序段后自动跳转到相应的程序段中继续执行；如果取消跳步功能，程序跳过使用 M99 指令程序段继续向下执行，如图 3-36 所示。利用该功能可以使用同一程序实现对工件的粗加工和精加工。

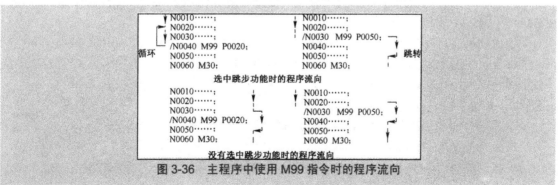

图 3-36　主程序中使用 M99 指令时的程序流向

任务四　复杂轮廓的铣削

基本技能

毛坯为六面已经加工过的 100mm×80mm×20mm 的塑料板，试铣削成如图 3-37 所示零件。

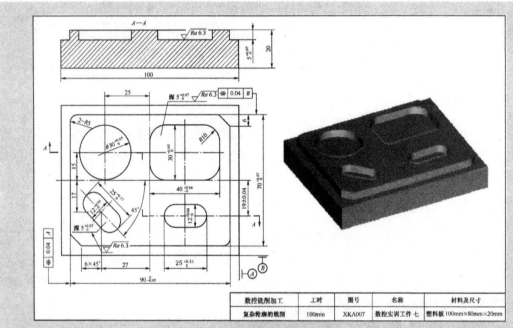

数控铣削加工	工时	图号	名称	材料及尺寸
复杂轮廓的铣削	100min	XKA007	数控实训工件 七	塑料板100mm×80mm×20mm

图 3-37　复杂轮廓工件的加工示例

一、分析加工工艺

1. 零件图和毛坯的工艺分析

（1）工件有外轮廓和四个腔槽构成，轮廓线由直线和圆弧构成，腔槽深 5mm。

（2）该工件表面粗糙度 *Ra* 为 6.3μm，加工中安排粗铣加工和精铣加工。

2. 确定装夹方式和加工方案

（1）装夹方式：采用机用平口钳装夹，底部用等高垫块垫起，使工件上底面高于钳口 10mm，以便于对刀操作和外轮廓铣削。

（2）加工方案：根据先粗后精和先内后外的原则，首先使用键槽铣刀 T02 铣削圆弧槽和矩形槽垂直进刀的工艺孔，再使用键槽铣刀 T03 粗铣和精铣两键槽，然后使用立铣刀 T04 粗铣和精铣矩形槽和圆弧槽，最后使用立铣刀 T04 粗铣和精铣外轮廓。

3. 选择刀具

（1）选择使用 ϕ20mm 的键槽铣刀 T02 铣削加工工艺孔。

（2）选择使用 ϕ10mm 的键槽铣刀 T03 粗铣和精铣两键槽。

（3）选择使用 ϕ16mm 的立铣刀 T04 粗铣和精铣圆弧槽、矩形槽和外轮廓。

4．确定加工顺序和走刀路线

（1）建立工件坐标系的原点：铣削各个内腔槽时工件零点设在各个腔槽上底面的几何中心上；铣削外轮廓时工件零点设在工件上底面的几何对称中心上。

（2）确定起刀点：设在工件坐标系 G54 原点的上方 100mm 处。

（3）确定下刀点：各个内腔槽的下刀点设在各自的工件零点的上方 100mm（X0 Y0 Z100）处；铣削外轮廓的下刀点设在 a 点上方 100mm（X–60 Y–50 Z100）处。

（4）确定走刀路线：首先使用键槽铣刀 T02 铣削圆形槽和矩形槽垂直进刀的工艺孔，再使用键槽铣刀 T03 铣削两个键槽，最后使用立铣刀 T04 铣削圆形槽、矩形槽和外轮廓。走刀路线如图 3-38 所示。

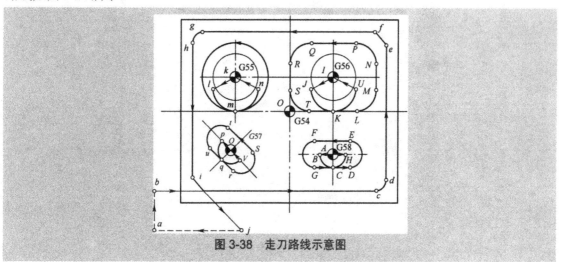

图 3-38　走刀路线示意图

二、编写加工技术文件

1．工序卡（见表 3-16）

表 3-16　数控实训工件七的工序卡

材　料	塑料板	产品名称或代号	零件名称	零件图号
		N007	复杂轮廓	XKA007
工序号	程序编号	夹具名称	使用设备	车间
0001	O0007	机用平口钳	VMC 850-E	数控车间

工步号	工步内容	刀具号	刀具规格 ϕ（mm）	主轴转速 n（r/min）	进给量 f（mm/min）	背吃刀量 a_p（mm）		备注
1	铣工艺孔	T02	ϕ20 的键槽刀	320	32			自动 O0007
2	铣削直键槽	T03	ϕ10 的键槽刀	900	90	2.5	0.5	
3	铣削斜键槽	T03	ϕ10 的键槽刀	900	90	2.5	0.5	

续表 3-16

工步号	工步内容	刀具号	刀具规格 ϕ (mm)	主轴转速 n (r/min)	进给量 f (mm/min)	背吃刀量 a_p (mm)		备注
4	铣削矩形腔槽	T04	ϕ 16 的立铣刀	600	60	2.5	0.5	自动 O0007
5	铣削圆形腔槽	T04	ϕ 16 的立铣刀	600	60	2.5	0.5	
6	铣削外轮廓	T04	ϕ 16 的立铣刀	600	60	2.5	0.5	
7	清除毛刺							手工
编制		批准		日期		共 1 页		第 1 页

2. 刀具卡（见表 3-17）

表 3-17　数控实训工件七的刀具卡

产品名称或代号		N007	零件名称	复 杂 轮 廓		零 件 图 号		XKA007
刀具号	刀具名称	刀具规格 ϕ (mm)	加工表面	刀具半径补偿号 D	补偿值 (mm)	刀具长度补偿号 H	补偿值 (mm)	备注
T02	键槽铣钻	20	铣工艺孔			H02	120.310	刀长补偿操作时确定
T03	键槽铣刀	10	铣键槽	D03	5.2　5	H03	120.236	
T04	立铣刀	16	铣削内腔和外轮廓	D04	8.2　8	H04	120.556	
编制		批准		日期		共 1 页		第 1 页

3. 编写参考程序（毛坯 100mm×80mm×20mm）

（1）计算节点坐标。

该坐标值均为在相应工件坐标系中的数值（见表 3-18）。

表 3-18　节点坐标

节　　点	X 坐 标 值	Y 坐 标 值	节　　点	X 坐 标 值	Y 坐 标 值
a	-60	-50	A	0	0
b	-60	-35	B	-6	0
c	40	-35	C	0	-6
d	45	-30	D	6.5	-6
e	45	29	E	6.5	6
f	39	35	F	-6.5	6
g	-40	35	G	-6.5	-6
h	-45	30	H	6	0
i	-45	-29	I	0	0
j	-24	-50	J	-10	-5
k	0	0	K	0	-15

续表 3-18

节 点	X 坐标值	Y 坐标值	节 点	X 坐标值	Y 坐标值
l	−10	−5	L	10	−15
m	0	−15	M	20	−5
n	10	−5	N	20	5
o	0	0	O	0	0
p	−6	0	P	10	20
q	0	−6	Q	−10	20
r	6.5	−6	R	−20	10
s	6.5	6	S	−20	−10
t	−6.5	6	T	−10	−20
u	−6.5	−6	U	10	−5
v	6	0	V		

（2）编制加工程序（见表 3-19，子程序见表 3-20～表 3-23）。

表 3-19 数控实训工件七的参考程序

程序号：O0007		
程 序 段 号	程 序 内 容	说 明
N10	G17 G21 G40 G49 G54 G69 G90 G94;	调用工件坐标系，设置工作环境
N20	T02 M06;	换 ϕ20mm 键槽铣刀（数控铣床中手工换刀）
N30	S320 M03;	开启主轴
N40	G43 G00 Z100 H02;	将刀具快速定位到初始平面
N50	X−25 Y15;	快速定位到下刀点 k（X−25 Y15 Z100）
N60	Z5 M08;	快速定位到 R 平面，开启切削液
N70	G01 Z−5 F32;	铣削加工工艺孔深度到 Z−5
N80	G00 Z5;	快速返回到 R 平面
N90	X20 Y15;	快速定位到 I 点
N100	G01 Z−5 F32;	钻削加工工艺孔深度到 Z−5
N110	G00 Z100 M09;	快速返回到初始平面，关闭冷却液
N120	X0 Y0;	返回到工件坐标系 G54 的原点
N130	M05;	主轴停止
N140	M00;	程序暂停
N150	T03 M06;	换键槽铣刀（数控铣床中手工换刀）
N160	G58;	选择工件坐标系 G58
N170	S900 M03;	开启主轴
N180	G43 G00 Z100 H03;	将刀具快速定位到初始平面
N190	X0 Y0;	快速定位到下刀点 A（X0 Y0 Z100）
N200	Z5 M08;	快速定位到 R 平面，开启切削液
/N210	G01 Z0.5 F90;	定位到起点

续表 3-19

程序号：O0007		
程 序 段 号	程 序 内 容	说　　明
/N220	M98 P20023;	粗铣键槽
N230	G00 Z-2.5;	快速定位
N240	M98 P0023;	精铣键槽
N250	G00 Z100 M09;	快速返回到初始平面，关闭切削液
N260	X0 Y0;	返回工件坐标系 G58 的原点
N270	M05;	主轴停止
N280	M00;	程序暂停
N290	T03 M06;	换键槽铣刀（数控铣床中手工换刀）
N300	G57;	选择工件坐标系 G57
N310	S900 M03;	开启主轴
N320	G43 G00 Z100 H03;	将刀具快速定位到初始平面
N330	X0 Y0;	快速定位到下刀点 O（X0 Y0 Z100）
N340	Z5 M08;	快速定位到 R 平面，开启切削液
/N350	G01 Z0.5 F90;	定位到起点
N360	G68 X0 Y0 R135;	逆时针旋转 135°
/N370	M98 P20023;	粗铣键槽
N380	G00 Z-2.5;	快速定位
N390	M98 P0023;	精铣键槽
N400	G69;	取消旋转功能
N410	G00 Z100 M09;	快速返回到初始平面，关闭切削液
N420	X0 Y0;	返回工件坐标系 G57 的原点
N430	M05;	主轴停止
N440	M00;	程序暂停
N450	T04 M06;	换立铣刀（数控铣床中手工换刀）
N460	G56;	选择工件坐标系 G56
N470	S600 M03;	开启主轴
N480	G43 G00 Z100 H04;	将刀具快速定位到初始平面
N490	X0 Y0;	快速定位到下刀点 I（X0 Y0 Z100）
N500	Z5 M08;	快速定位到 R 平面，开启切削液
/N510	G01 Z0.5 F60;	定位到起点
/N520	M98 P20024;	粗铣矩形槽
N530	G00 Z-2.5;	快速定位
N540	M98 P0024;	精铣矩形槽
N550	G00 Z100 M09;	快速返回到初始平面，关闭切削液
N560	X0 Y0;	返回工件坐标系 G56 的原点
N570	M05;	主轴停止

续表 3-19

程序段号	程序内容	说　　明
程序号: O0007		
N580	M00;	程序暂停
N590	T04 M06;	换立铣刀（数控铣床中手工换刀）
N600	G55;	选择工件坐标系 G55
N610	S600 M03;	开启主轴
N620	G43 G00 Z100 H04;	将刀具快速定位到初始平面
N630	X0 Y0;	快速定位到下刀点 I（X0 Y0 Z100）
N640	Z5 M08;	快速定位到 R 平面，开启切削液
/N650	G01 Z0.5 F60;	定位到起点
/N660	M98 P20025;	粗铣圆槽
N670	G00 Z-2.5;	快速定位
N680	M98 P0025;	精铣圆槽
N690	G00 Z100 M09;	快速返回到初始平面，关闭切削液
N700	X0 Y0;	返回工件坐标系 G55 的原点
N710	M05;	主轴停止
N720	M00;	程序暂停
N730	T04 M06;	换立铣刀（数控铣床中手工换刀）
N740	G54;	选择工件坐标系 G54
N750	S600 M03;	开启主轴
N760	G43 G00 Z100 H04;	将刀具快速定位到初始平面
N770	X-60 Y-50;	快速定位到下刀点 a（X-60 Y-50 Z100）
N780	Z5 M08;	快速定位到 R 平面，开启切削液
/N790	G01 Z0.5 F60;	定位到起点
/N800	M98 P20026;	粗铣外轮廓
N810	G00 Z-2.5;	快速定位
N820	M98 P0026;	精铣外轮廓
N830	G00 Z100 M09;	快速返回到初始平面，关闭切削液
N840	X0 Y0;	返回工件坐标系 G54 的原点
N850	M05;	主轴停止
N860	M30;	程序结束，返回开始

表 3-20　数控实训工件七的子程序（一）

程序段号	程序内容	说　　明
程序号: O0023		
N10	G91 G01 Z-2.5 F90;	进刀
N20	G90 G41 G01 X-6 D03;	铣削到 B 点，引入半径补偿

续表 3-20

程序号：O0023		
程 序 段 号	程 序 内 容	说　明
N30	G03 X0 Y-6 R6；	圆弧切入到 C 点
N40	G01 X14；	铣削工件到 D 点
N50	G03 Y6 R6；	铣削工件到 E 点
N60	G01 X-14；	铣削工件到 F 点
N70	G03 Y-6 R6；	铣削工件到 G 点
N80	G01 X0；	铣削工件到 C 点
N90	G03 X6 Y0 R6；	铣削工件到 H 点
N100	G40 G01 X0 Y0；	返回到 A 点，取消半径补偿
N110	M99；	程序结束，返回主程序

表 3-21　数控实训工件七的子程序（二）

程序号：O0024		
程 序 段 号	程 序 内 容	说　明
N10	G91 G01 Z-2.5 F60；	进刀
N20	G90 G41 G01 X-10 Y-5 D04；	铣削到 J 点，引入半径补偿
N30	G03 X0 Y-15 R10；	圆弧切入到 K 点
N40	G01 X10；	铣削工件到 L 点
N50	G03 X20 Y-5 R10；	铣削工件到 M 点
N60	G01 Y5；	铣削工件到 N 点
N70	G03 X10 Y15 R10；	铣削工件到 P 点
N80	G01 X-10；	铣削工件到 Q 点
N90	G03 X-20 Y5 R10；	铣削工件到 R 点
N100	G01 Y-5；	铣削工件到 S 点
N110	G03 X-10 Y-15 R10；	铣削工件到 T 点
N120	G01 X0；	铣削工件到 K 点
N130	G03 X10 Y-5 R10；	铣削工件到 U 点
N140	G40 G01 X0 Y0；	返回到 I 点，取消半径补偿
N150	M99；	程序结束，返回主程序

表 3-22　数控实训工件七的子程序（三）

程序号：O0025		
程 序 段 号	程 序 内 容	说　明
N10	G91 G01 Z-2.5 F60；	进刀
N20	G90 G41 G01 X-10 Y-5 D04；	铣削到 I 点，引入半径补偿
N30	G03 X0 Y-15 R10；	圆弧切入到 m 点

续表 3-22

	程序号：O0025	
程 序 段 号	程 序 内 容	说　明
N40	I0 J15；	铣削一个整圆
N50	X10 Y-5 R10；	圆弧切出到 n 点
N60	G40 G01 X0 Y0；	返回到 k 点，取消半径补偿
N70	M99；	程序结束，返回主程序

表 3-23　数控实训工件七的子程序（四）

	程序号：O0026	
程 序 段 号	程 序 内 容	说　明
N10	G91 G01 Z-2.5 F60；	进刀
N20	G90 G42 G01 Y-35 D04；	铣削到 b 点，引入半径补偿
N30	G01 X40；	铣削工件到 c 点
N40	G03 X45 Y-30 R5；	铣削工件到 d 点
N50	G01 Y29；	铣削工件到 e 点
N60	X39 Y35；	铣削工件到 f 点
N70	X-40；	铣削工件到 g 点
N80	G03 X-45 Y30 R5；	铣削工件到 h 点
N90	G01 Y-29；	铣削工件到 i 点
N100	X-24 Y-50；	铣削工件到 j 点
N110	G40 G01 X-60；	返回到 a 点，取消半径补偿
N120	M99；	程序结束，返回主程序

三、加工工件

加工操作的方法同上一个工件。需要注意的是，在粗铣时要选中跳步功能，精铣时取消跳步功能。操作者在粗铣后根据铣削结果修正刀具半径补偿后再进行精铣。

基 本 知 识

一、坐标系旋转指令 G68 和 G69

数控系统的旋转功能可将编程中描述的走刀路径按照旋转中心旋转某一指定的角度，如图 3-39 所示。如果工件的形状由许多相同的图形组成，如图 3-40 所示，则可以根据图形单元编写成子程序，然后用主程序的旋转指令调用，可以简化程序，既省时，又节省存储空间。

指令格式：G17 G68 X__ Y__ R__；（坐标系旋转开始）

　　　　　　G18 G68 Z__ X__ R__；（坐标系旋转开始）

　　　　　　G19 G68 Y__ Z__ R__；（坐标系旋转开始）

　　　　　　……；（坐标系旋转方式）

　　　　　　G69；（坐标系旋转取消）

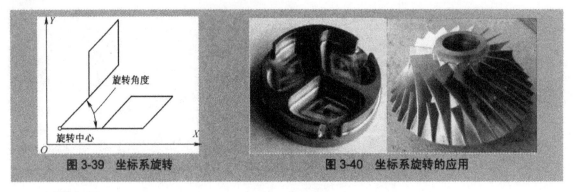

图 3-39 坐标系旋转　　　　图 3-40 坐标系旋转的应用

说明如下。

（1）在 XY 加工平面中，X 和 Y 为旋转中心的坐标值，只能使用直角坐标系绝对定位的方式指定。如果不指定旋转中心，系统以主轴当前所在的位置为旋转中心。

（2）R 为逆时针方向旋转的角度。当 R 为负值时表示顺时针旋转的角度。不指定时则参数 #5410 中的值被认为是角度位移值。

（3）在 G90 方式下使用 G68 指令时旋转角度为绝对角度；在 G91 方式下使用 G68 指令时的旋转角度为上一次旋转的角度与当前指令中 R 指定的角度的和，如图 3-41 所示。

（4）在 G68 之后的程序段如果出现 G91 编程时，则旋转中心改为主轴当前的位置，此前由 G90 指令使用的旋转中心无效。

（5）选择加工平面后才能选用坐标系旋转指令，而在旋转方式下不可进行平面选择操作，也不可进行固定循环。

（6）如果需要刀具半径补偿、刀具长度补偿和其他补偿操作，则在 G68 执行后进行。旋转功能结束 G69 指令不可缺少，否则 G68 一直模态有效，且 G69 后的第一个移动指令必须用绝对值指定，否则将不能进行正确的移动。

二、侧面粗糙度的控制

铣键槽时，为了保证槽的尺寸精度，一般用两刃键槽铣刀。凹槽深度的尺寸精度及粗糙度通过 Z 向安排合理的精铣余量，粗铣后测量，再通过修正程序来控制。对于凹槽两侧的尺寸精度可以通过加工中修改半径补偿值来保证，而凹槽两侧的表面粗糙度如果要求较高，就需要安排合理的走刀路线来保证。在铣削键槽时，铣刀来回走刀两次，保证两侧面都是顺铣的加工方式，使两侧具有相同的表面粗糙度，如图 3-42 所示。

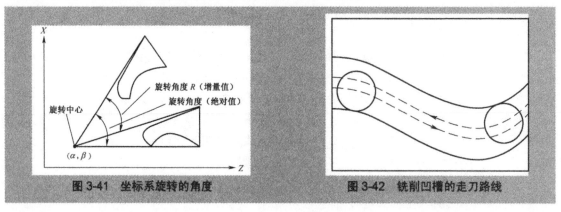

图 3-41 坐标系旋转的角度　　　　图 3-42 铣削凹槽的走刀路线

三、G54、G55、G56、G57、G58 和 G59 指令的使用

对刀时可以将工件上底面的几何中心作为对刀点，装上标准刀具后通过对刀操作测得相应的零点偏置值输入到 G54 中，当程序中出现 G54 时，就可以调用该工件坐标系。本例使用 G54 加工 4 个凹槽并不方便，特别是坐标运算工作量大。为此，可以根据零件图纸找到各个凹槽的对称中心在零件几何中心的位置，将该位置叠加在 G54 的零点偏移上，算得各个凹槽的几何对称中心在机床坐标系中的位置并输入到相应的工件坐标系中，程序中直接通过相应的工件坐标系调用指令即可直接调用该工件坐标系，如图 3-43 所示。

例如，k 点在 G54 中的坐标是 X-25 和 Y15，则算得 G55 的 X 偏置为-416.013+（-25）=-441.013；G55 的 Y 偏置为-193.025+15=-178.025。其他类推。

四、局部坐标系指令 G52

如果图形的走刀轨迹不便于在工件坐标系中描述，则可以在工件坐标系中建立一个局部坐标系来描述图形的走刀轨迹，以便于编程，减少数值的运算，如图 3-44 所示。

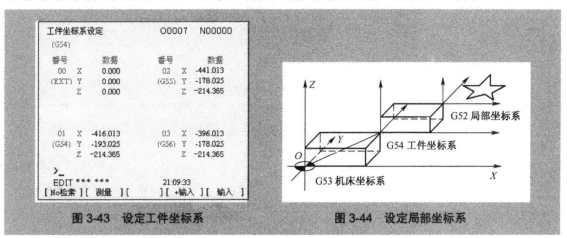

图 3-43 设定工件坐标系　　　　图 3-44 设定局部坐标系

指令格式：G17/ G18/ G19 G52 X__ Y__;（设定局部坐标系）
　　　　　G17/ G18/ G19 G52 X0 Y0;（取消局部坐标系）

说明如下。

（1）在 XY 平面中，X 和 Y 为局部坐标系的原点设定在工件坐标系中 X 和 Y 指定的位置，用绝对坐标值指定。一旦局部坐标系被设定，以后在 G90 方式下的进给移动的坐标值是该点在局部坐标系中的数值。

（2）指定了 G52 后，就消除了刀具半径补偿、刀具长度补偿等，在后续的程序段中必须重新指定刀具半径补偿和刀具长度补偿，否则会发生撞刀或其他现象。

（3）G52 是非模态指令，要变更局部坐标系，同样可用 G52 在工件坐标系中指令新的局部坐标系原点的位置予以实现。在缩放及旋转功能下不能使用 G52 指令，但在 G52 下可以进行缩放及坐标系旋转指令。

（4）取消局部坐标系时，可恢复为原来的工件坐标系，使局部坐标系的原点与工件坐标系原点一致。

项目知识拓展

一、华中 HNC-21M 数控指令系统

1. 华中世纪星 HNC-21M 数控装置 M 指令功能（见表 3-24）

表 3-24　M 指令功能

代码	模态	功　能　说　明	代码	模态	功　能　说　明
M00	非模态	程序停止	M03	模态	主轴正转起动
M02	非模态	程序结束	M04	模态	主轴反转起动
M29	非模态	刚性攻螺纹	*M05	模态	主轴停止转动
M30	非模态	程序结束，并返回程序起点	M06	非模态	换刀
M98	非模态	调用子程序	M07	模态	切削液打开
M99	非模态	子程序结束	*M09	模态	切削液停止

标注*者为默认设置。

2. 华中世纪星 HNC-21M 数控装置 G 指令功能（见表 3-25）

表 3-25　G 指令功能

G 代码	组	功　　能	G 代码	组	功　　能
G00		快速定位	G57		工件坐标系 4 选择
*G01	01	直线插补	G58	11	工件坐标系 5 选择
G02		顺圆插补	G59		工件坐标系 6 选择
G03		逆圆插补	G60	00	单方向定位
G04	00	暂停	*G61	12	精确停止校验方式
G07	16	虚轴指定	G64		连续方式
G09	00	准停校验	G65	00	子程序调用
*G17		XY 平面选择	G68	05	旋转变换
G18	02	ZX 平面选择	*G69		旋转取消
G19		YZ 平面选择	G73		深孔钻循环
G20		英寸输入	G74		逆攻螺纹循环
*G21	08	毫米输入	G76		精镗循环
G22		脉冲当量	*G80		固定循环取消
G24	03	镜像开	G81	06	定心钻循环
*G25		镜像关	G82		钻孔循环
G28	00	返回参考点	G83		深孔钻循环
G29		由参考点返回	G84		攻螺纹循环
*G40	09	刀具半径补偿取消	G85		镗孔循环
G41		左补偿	G86		镗孔循环

续表 3-25

G 代码	组	功 能	G 代码	组	功 能
G42		右补偿	G87		反镗孔循环
G43	10	刀具长度正向补偿	G88	06	镗孔循环
G44		刀具长度负向补偿	G89		镗孔循环
*G49		刀具长度补偿取消	*G90	13	绝对值编程
*G50	04	缩放关	G91		增量值编程
G51		缩放开	G92	00	工件坐标系设定
G52	00	局部坐标系设定	*G94	14	每分钟进给
G53		机床坐标系编程	G95		每转进给
*G54	11	工件坐标系 1 选择	*G98	15	固定循环后返回起始点
G55		工件坐标系 2 选择	G99		固定循环后返回 R 点
G56		工件坐标系 3 选择			

*标记者为默认值，00 组的 G 代码是非模态的，其他组的 G 代码是模态的。

二、HNC-21M 数控铣床加工操作中的断点保存与恢复

HNC-21M 系统数控铣床的加工操作同 FANUC 系统数控铣床差别不大，在此重点介绍一下 HNC-21M 系统中的断点保存与恢复。

一些大零件，特别是一些金属模具，其加工时间有时甚至需要好几天，如果能在零件加工一段时间后保存断点（让系统记住此时的各种状态），断开电源，并在间隔一段时间后打开电源，恢复断点（让系统恢复上次中断加工时的状态），从而继续加工，可为用户提供极大的方便。

1. 保存加工断点（F1→F5）

（1）在程序运行子菜单下，按 F7 键，弹出"输入保存断点的文件名"对话框。

（2）按 N 键暂停程序运行，但不取消当前运行程序。

（3）按 F5 键，弹出"输入保存断点的文件名"对话框，如图 3-45 所示。

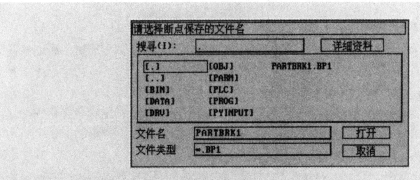

图 3-45　输入保存断点的文件名

（4）选择断点文件的路径。

（5）在"文件名"栏，输入断点文件的文件名，如"PARTBRK1"。

（6）按 Enter 键，系统将自动建立一个名为"PARTBRK1.BP1"的断点文件。

注意：按 F4 键保存断点之前，必须在自动方式下装入了加工程序，且暂停了程序运行。

2．恢复断点（F1→F6）

（1）如果在保存断点后，断开了系统电源，则上电后首先应进行回参考点操作。

（2）按 F6 键，弹出"选择要恢复的断点文件名"对话框，如图 3-46 所示。

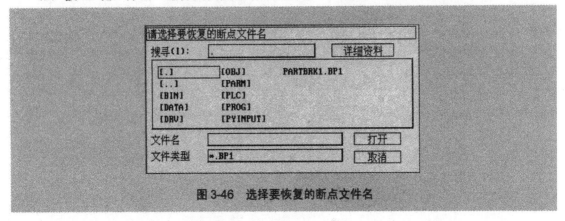

图 3-46　选择要恢复的断点文件名

（3）选择要恢复的断点文件路径及文件名，如当前目录下的"PARTBRK1.BP1"。

（4）按 Enter 键，系统会根据断点文件中的信息，恢复中断程序运行时的状态，并弹出"需要重新对刀"或"需要返回断点"提示对话框。

（5）按 Y 键，系统自动进入 MDI 方式。

3．定位至加工断点（F4→F4）

如果在保存断点后，移动过某些坐标轴，要继续从断点处加工，必须先定位至加工断点。

（1）手动移动坐标轴到断点位置附近，并确保在机床自动返回断点时不发生碰撞。

（2）在 MDI 方式子菜单下，按 F4 键，自动将断点数据输入 MDI 运行程序段。

（3）按"循环启动"键启动 MDI 运行，系统将移动刀具到断点位置。

（4）按 F10 退出 MDI 方式。

定位至加工断点后，按机床控制面板生的"循环启动"键，即可继续从断点处加工了。

注意：在恢复断点之前必须装入相应的零件程序。

4．重新对刀（F4→F5）

在保存断点后，如果工件发生过偏移需要重新对刀，使用本功能，重新对刀后继续从断点处加工。

（1）手动将刀具移动到加工断点处。

（2）在 MDI 方式子菜单下按 F5 键，自动将断点处的工作坐标输入 MDI 运行程序段。

（3）按"循环启动"键，系统将修改当前工件坐标系原点，完成对刀操作。

（4）按 F10 键退出 MDI 方式。

重新对刀并退出 MDI 方式后，按机床控制面板上的"循环启动"键，即可继续从断点处加工。

一、练习题

1. _____为刀具半径右补偿，逆着第三轴，顺着刀具运动的方向观察，刀具位于工件_____侧。但如果输入的半径补偿值为负值，再逆着第三轴，顺着刀具运动的方向观察，刀具位于工件_____侧。

2. 设精加工余量为Δ，刀具半径为 r，则粗加工时人工输入的刀具偏置值为_____；在精加工时，输入的刀具偏置值为_____。

3. 主程序通过_____指令进行子程序的调用，最多可以调用_____次。子程序的结束通过_____返回主程序。

4. 子程序经常应用于零件上有_____的情况；还经常应用于加工_____，被加工的零件需要刀具在某一区域内_____或_____反复走刀。

5. 如果在主程序中执行 M99 指令，则程序将返回到_____位置继续执行程序；如果在主程序中插入"M99 P__;"，则当程序执行到_____程序段中并继续向下执行。

6. 在机床跳步功能_____时，程序在执行的过程中，带有跳步符号的程序段被自动跳过，不予执行。

7. 在 G68 指令中，如果不指定旋转中心，系统以_____为旋转中心。

8. 在 G91 方式下使用 G68 指令时，旋转角度为_____。

9. 思考使用寻边器和 Z 轴设定器对刀同试切对刀相比有何好处？

10. 思考对刀点是否一定和工件原点重合？如何将工件原点设置在下底面的中心点上？

11. 如果不用 00 组 G54 的坐标偏移，使用寻边器能否将工件原点设在上底面的顶点上？

12. 在数控铣削中怎样使用刀具半径补偿控制尺寸精度？

13. 思考在 G18 和 G19 平面内引入半径补偿时的指令格式怎样书写？

14. 为什么要使用标准芯轴和量块进行对刀操作？

15. 思考在内轮廓加工中为什么要首先钻削一个加工工艺孔？

16. 加工该任务的工件时，如果不用 G01 插补，从起刀点直接进行圆弧过渡切入内轮廓可否？

17. 使用立铣刀铣削内腔槽时能够使用螺旋线指令 G02 或 G03 螺旋下刀加工工件吗？

18. 在内腔槽的铣削中怎样选择粗铣刀和精铣刀才能使加工效率最高又不过切？

19. 数控铣削时，如果 Z 方向也留有铣削余量，怎样安排 Z 方向的铣削余量？

20. 思考在什么样的情况下使用 G52 比较方便？使用 G68 指令有何益处？

21. 数控铣削键槽时，怎样保证键槽侧面的表面粗糙度？

二、技能训练

1. 使用粗车刀和精车刀两把刀具进行试切对刀，并在 MDI 方式下验证对刀效果。

2．练习操作机床，加工工件，掌握使用刀具半径补偿控制加工尺寸的方法。

3．现有一毛坯为 100mm×100mm×30mm 的铝合金板，试铣削成如图 3-47 所示的工件。

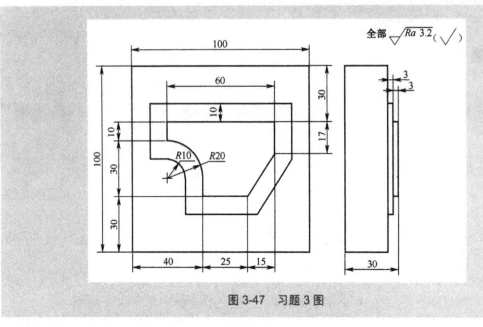

图 3-47　习题 3 图

4．毛坯为已经加工成长方体 100mm×100mm×20mm 的塑料板，试铣削成如图 3-48 所示的零件。

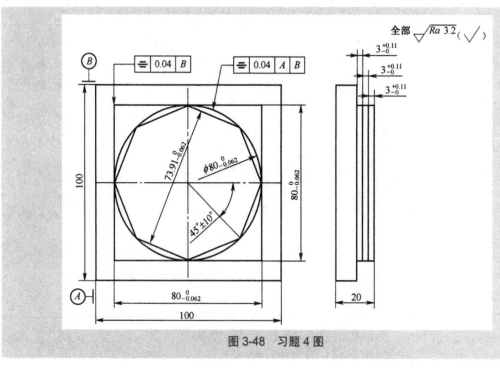

图 3-48　习题 4 图

5．该零件为铸造毛坯，外轮廓加工余量为 5mm，材料为 HT200。零件上下表面及 $\phi 25$ 和 $\phi 12$mm 的孔由前道工序加工完成，本工序是在数控铣床上加工凸轮外形轮廓及圆弧形沟

槽，如图 3-49 所示。试编写加工该工序的数控程序。

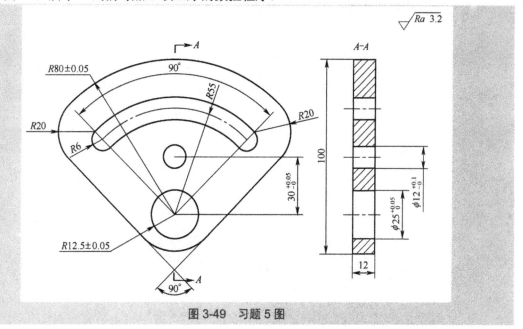

图 3-49　习题 5 图

6. 毛坯为已经加工成长方体 45mm×45mm×15mm 的塑料板，试铣削成如图 3-50 和图 3-51 所示的零件。

7. 毛坯为六面已经加工过的 175mm×135mm×15mm 的塑料板，试铣削成如图 3-52 所示的零件。

8. 现有一毛坯为 100mm×100mm×20mm 的铝合金板，试铣削成如图 3-53 所示的工件。

9. 毛坯为 100mm×100mm×15mm 的 45# 钢板，槽深均为 5mm，加工面的表面粗糙度 Ra 全部为 3.2μm。试铣削成如图 3-54 所示的工件。

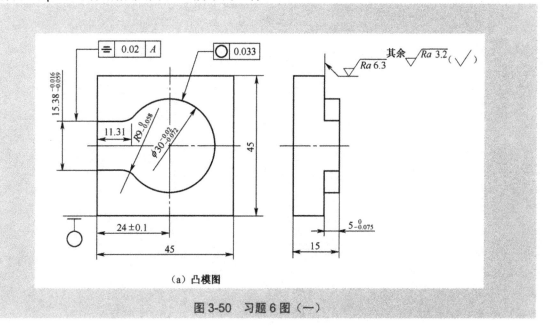

（a）凸模图

图 3-50　习题 6 图（一）

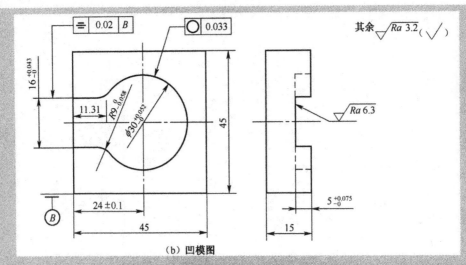

(b) 凹模图

图 3-51　习题 6 图（二）

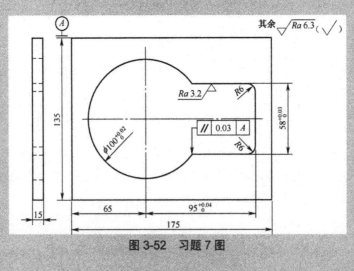

图 3-52　习题 7 图

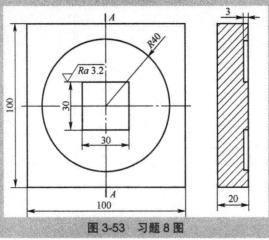

图 3-53　习题 8 图

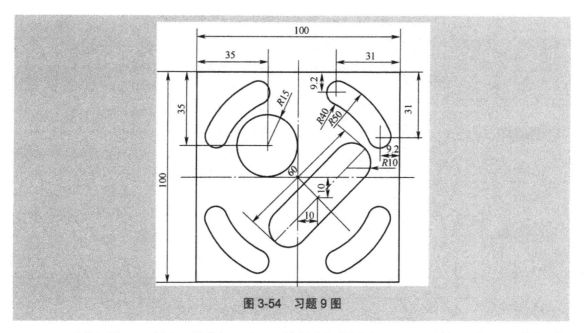

图 3-54 习题 9 图

10．零件如图 3-55 所示，设中间 $\phi28mm$ 的圆孔与外圆 $\phi130mm$ 已经加工完成，现需要在数控铣床上铣出直径 $\phi120\sim40mm$ 且深 5mm 的圆环槽和 7 个腰形通孔，试编写出加工程序。

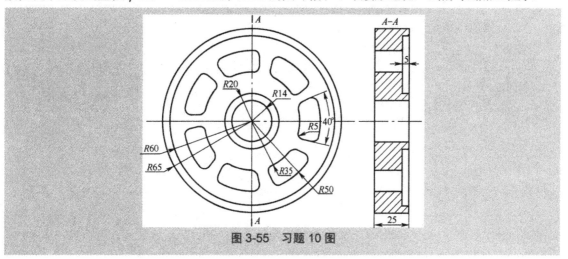

图 3-55 习题 10 图

三、项目评价评分表

1．个人知识和技能评价

评价项目	项目评价内容	分值	自我评价	小组评价	教师评价	得分
项目理论知识	① 指令格式及走刀路线	5				
	② 基础知识融会贯通	5				
	③ 零件图纸分析	5				
	④ 制定加工工艺	5				
	⑤ 加工技术文件的编制	5				

续表

评价项目	项目评价内容	分值	自我评价	小组评价	教师评价	得分
项目实操技能	① 程序的输入	5				
	② 图形模拟	10				
	③ 刀具、毛坯的装夹及对刀	5				
	④ 加工工件	5				
	⑤ 尺寸与粗糙度等的检验	5				
	⑥ 设备维护和保养	10				
安全文明生产	① 正确开、关机床	5				
	② 工具、量具的使用及放置	5				
	③ 机床维护和安全用电	5				
	④ 卫生保持及机床复位	5				
职业素质培养	① 出勤情况	5				
	② 车间纪律	5				
	③ 团队协作精神	5				
合计总分						

2. 小组学习活动评价表

班级：_____　　小组编号：_____　　成绩：_____

评价项目	评价内容及评价分值			学员自评	同学互评	教师评分
分工合作	优秀（12～15分）	良好（9～11分）	继续努力（9分以下）			
	小组成员分工明确，任务分配合理，有小组分工职责明细表	小组成员分工较明确，任务分配较合理，有小组分工职责明细表	小组成员分工不明确，任务分配不合理，无小组分工职责明细表			
获取与项目有关质量、市场、环保等内容的信息	优秀（12～15分）	良好（9～11分）	继续努力（9分以下）			
	能使用适当的搜索引擎从网络等多种渠道获取信息，并合理地选择信息、使用信息	能从网络获取信息，并较合理地选择信息、使用信息	能从网络或其他渠道获取信息，但信息选择不正确，信息使用不恰当			
实操技能操作情况	优秀（16～20分）	良好（12～15分）	继续努力（12分以下）			
	能按技能目标要求规范完成每项实操任务，能正确分析机床可能出现的报警信息，并对显示故障能迅速排除	能按技能目标要求规范完成每项实操任务，但仅能部分正确分析机床可能出现的报警信息，并对显示故障能迅速排除	能按技能目标要求完成每项实操任务，但规范性不够。不能正确分析机床可能出现的报警信息，不能迅速排除显示故障			

续表

评价项目	评价内容及评价分值			学员自评	同学互评	教师评分
基本知识分析讨论	优秀（16～20分）	良好（12～15分）	继续努力（12分以下）			
	讨论热烈、各抒己见，概念准确、原理思路清晰、理解透彻，逻辑性强，并有自己的见解	讨论没有间断、各抒己见，分析有理有据，思路基本清晰	讨论能够展开，分析有间断，思路不清晰，理解不够透彻			
成果展示	优秀（24～30分）	良好（18～23分）	继续努力（18分以下）			
	能很好地理解项目的任务要求，成果展示逻辑性强，熟练利用信息技术平台进行成果展示	能较好地理解项目的任务要求，成果展示逻辑性较强，能较熟练利用信息技术平台进行成果展示	基本理解项目的任务要求，成果展示停留在书面和口头表达，不能熟练利用信息技术平台进行成果展示			
合计总分						

>>>> 项目小结 <<<<

① 刀具半径补偿指令 G41、G42 和刀具半径补偿取消指令 G40

G42 为刀具半径补偿，G41 为刀具半径左补偿。判断方法时逆着第三轴，顺着刀具运动的方向观察，刀具位于工件右侧时的半径补偿是 G42，刀具位于工件左侧时的半径补偿是 G41，当补偿值取负值时，则 G41 和 G42 互换。在左补偿时刀具是顺铣工件，在右补偿时刀具是逆铣工件。刀具半径补偿的运动轨迹分为刀具半径补偿的引入、刀具半径补偿的进行和刀具半径补偿的取消 3 个组成部分。使用半径补偿可以控制所加工工件 X、Y 方向的尺寸精度。

② 内轮廓和内腔槽的铣削工艺

内轮廓不与外界相接，因此在铣削内轮廓时可以使用键槽铣刀加工，也可以首先使用中心钻定位后再用麻花钻钻工艺孔，以利于立铣刀下刀铣削内轮廓。在内轮廓的加工中应考虑选择适当的切入和切出方式，最好能够采用延长线切入和切出的方法，否则要遵守沿切向切入和切出的原则，安排切入和切出过渡圆弧。对于内腔槽粗铣时用键槽铣刀铣削或钻削工艺孔后用平底立铣刀铣削，先采用行切法去除中间部分，最后环切一刀，总的走刀路线较短且能够获得较好的表面粗糙度。

③ 子程序调用指令M98和子程序返回指令M99

在数控铣削中，一个加工程序中的若干位置，如果包含有一连串在写法上完全相同或相似的内容，为了简化程序，可以把这些重复的程序段单独列出，并按一定的格式编写成子程序。在主程序中通过 M98 指令进行子程序的调用，子程序的结束通过 M99 返回主程序。子程序经常应用于零件上有若干处相同的轮廓形状的情况，还经常应用于加工反复出现有相同轨迹的走刀路线，被加工的零件需要刀具在某一区域内分层或分行反复走刀。使用子程序时，应注意主程序中的编程方式可能被子程序所改变。如果需要刀具半径补偿，最好在子程序中引入和取消刀具半径补偿。

④ 坐标系旋转指令G68和坐标系旋转取消指令G69

选择加工平面后才能选用坐标系旋转指令，而在旋转方式下不可进行平面选择操作，也不可进行固定循环。如果需要刀具半径补偿、刀具长度补偿和其他补偿操作，则在 G68 执行后进行。旋转功能结束 G69 指令不可缺少，否则 G68 一直模态有效，且 G69 后的第一个移动指令必须用绝对值指定，否则将不能进行正确的移动。

平面和曲面的铣削

项目情境

在盘类和箱类的工件中有平面、斜面和阶梯面等，如图 4-1 所示。平面是组成机械零件的基本表面之一，其质量用平面度和表面粗糙度等来衡量。在数控铣床上，这些平面、斜面和阶梯面该如何加工呢？在加工中又如何保证它们之间的平行度和垂直度呢？

图 4-1 平面、斜面、阶梯面和曲面工件

项目学习目标

	学 习 目 标	学 习 方 式	学 时
技能目标	① 铣削大平面和斜面等； ② 铣削圆柱面和圆锥面等	学生机床实践操作	24
知识目标	① 掌握大平面加工工艺和走刀路线，掌握控制平行度和垂直度的方法； ② 掌握斜面的铣削加工方法，掌握简单曲面加工工艺和走刀路线； ③ 掌握 G92 设定工件坐标系的方法，了解 G65、G66 和 G67 指令的使用方法； ④ 掌握 IF GOTO、WHILE DO 和 END 在曲面加工中的使用方法； ⑤ 掌握球头铣刀在曲面加工中的使用方法	理论学习，仿真软件演示，上机操作练习	10
情感目标	建立质量、安全、环保及现场管理的理念，具有安全生产和环保等意识，能遵守相关的法律、法规。具有与设计人员、工艺人员、操作人员沟通的能力	小组交流，潜移默化	

项目任务分析

平面是组成机械零件的最基本要素之一。平面类零件是指加工面平行或垂直于水平面，以及加工面与水平面夹角为一定角度的零件。其加工常用刀具为端铣刀和立铣刀。铣削较大的平面用端铣刀加工，铣削阶梯面一般采用立铣刀。为熟练掌握各种平面的加工方法，根据认知规律由易到难安排了两个任务。从大平面的铣削到阶梯面、斜面的加工，全面介绍了各种平面的加工工艺及相关指令的使用方法。加工中需注意各个零件的装夹方法及找正方法。最后通过圆柱面工件的铣削，介绍了两轴半坐标联动铣削曲面的方法，为使用编程软件加工曲面做准备。

项目基本功

任务一　大平面的铣削

基 本 技 能

现有一毛坯为 400mm×300mm×100mm 的 45#钢，5 个表面已经加工，表面粗糙度 Ra 已达到 6.3μm。试铣削上底面，如图 4-2 所示。

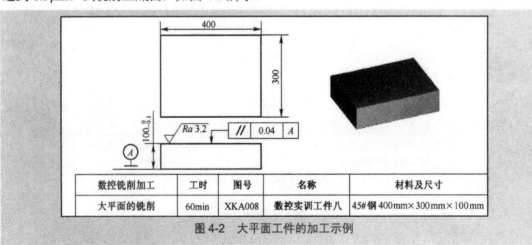

数控铣削加工	工时	图号	名称	材料及尺寸
大平面的铣削	60min	XKA008	数控实训工件八	45#钢 400mm×300mm×100mm

图 4-2　大平面工件的加工示例

一、分析加工工艺

1. 零件图和毛坯的工艺分析

（1）工件中加工一个长 400mm、宽 300mm 的大平面，所加工的平面与基准面 A 平行，平行度公差为 0.04mm。

（2）该工件的表面粗糙度 Ra 为 3.2μm，加工中安排粗铣加工和精铣加工。

2．确定装夹方式和加工方案

（1）装夹方式：采用固定在工作台上的两组互相垂直的定位块定位零件，然后在对角处利用压板将其固定在工作台上。

（2）加工方案：本着先粗后精的原则，使用端铣刀 T02，先采用双向铣削的方式粗铣上底面，后采用单向铣削的方式精铣上底面。

3．选择刀具

选择使用 $\phi100mm$ 的端面铣刀 T02 粗铣及精铣平面。

4．确定加工顺序和走刀路线

（1）建立工件坐标系的原点：设在工件上底面的对称几何中心上。

（2）确定起刀点：设在工件上底面对称中心的上方 100mm 处。

（3）确定下刀点：粗铣平面时设在 a 点上方 100mm（X–260 Y120 Z100）处；精铣平面时设在 i 点上方 100mm（X–260 Y150 Z100）处。

（4）确定走刀路线：粗铣平面走刀路线 a→b→c→d→e→f→g→h，精铣平面走刀路线 i →j→k→…→l，如图 4-3 所示。

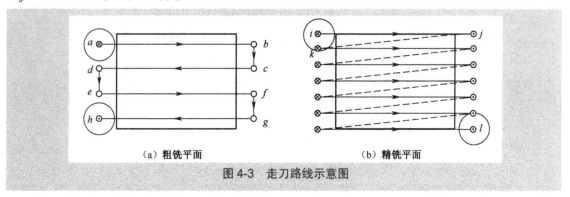

（a）粗铣平面　　　　　　　　　（b）精铣平面

图 4-3　走刀路线示意图

二、编写加工技术文件

1．工序卡（见表 4-1）

表 4-1　数控实训工件八的工序卡

材　料	45#钢	产品名称或代号		零 件 名 称		零 件 图 号	
		N008		大 平 面		XKA008	
工序号	程序编号	夹具名称		使用设备		车间	
0001	O0008	压板装夹		VMC 850E		数控车间	
工步号	工步内容	刀具号	刀具规格 ϕ（mm）	主轴转速 n（r/min）	进给量 f（mm/min）	背吃刀量 a_p（mm）	备注
1	粗铣平面	T02	$\phi100$ 的面铣刀	300	120	2	自动 O0008
2	精铣平面	T02	$\phi100$ 的面铣刀	300	100	0.5	
编制		批准		日期		共 1 页	第 1 页

2. 刀具卡（见表 4-2）

表 4-2 数控实训工件八的刀具卡

产品名称或代号		N008	零件名称	大 平 面			零件图号		XKA008
刀具号	刀具名称	刀具规格 ϕ（mm）	加工表面	刀具半径补偿号 D	补偿值（mm）	刀具长度补偿号 H	补偿值（mm）		备注
T02	端面铣刀	100	铣平面	D02		H02	0		
编制		批准		日期			共 1 页		第 1 页

3. 编写参考程序（毛坯 400mm×300mm×100mm）

（1）计算节点坐标（见表 4-3）。

表 4-3 节点坐标

节 点	X 坐标值	Y 坐标值	节 点	X 坐标值	Y 坐标值
a	−260	120	g	260	−120
b	260	120	h	−260	−120
c	260	40	i	−260	150
d	−260	40	j	260	150
e	−260	−40	k	−260	100
f	260	−40	l	260	−150

（2）编制加工程序（见表 4-4 和表 4-5）。

表 4-4 数控实训工件八的参考程序

程序号：O0008		
程序段号	程序内容	说 明
N10	G17 G21 G40 G49 G54 G69 G90 G94；	设置工作环境
N20	G92 X0 Y0 Z100；	设定工件坐标系
N30	S300 M03；	开启主轴
N40	G00 X−260 Y120；	快速定位到下刀点 a
N50	Z5 M08；	快速定位到 R 平面，开启冷却液
N60	G01 Z−2 F150；	进刀到 a 点，留有精铣余量 0.5mm
N70	X260；	铣削工件到 b 点
N80	G00 Y40；	快速定位到 c 点
N90	G01 X−260 F120；	铣削工件到 d 点
N100	G00 Y−40；	快速定位到 e 点
N110	G01 X260 F120；	铣削工件到 f 点
N120	G00 Y−120；	快速定位到 g 点
N130	G01 X−260 F120；	铣削工件到 h 点
N140	G00 Z100 M09；	快速返回到初始平面，关闭切削液

续表4-4

程序号：O0008		
程序段号	程 序 内 容	说 明
N150	X0 Y0;	返回到程序起点
N160	M05;	主轴停止
N170	M00;	程序暂停
N180	G92 X0 Y0 Z100;	设定工件坐标系
N190	S300 M03;	开启主轴
N200	G00 X-260 Y150;	快速定位到下刀点
N210	Z5 M08;	快速定位到 R 平面
N220	G01 Z-2.5 F100;	进刀到 i 点，根据粗铣后实际值修正 Z
N230	M98 P70031;	精铣平面
N240	G90 G00 Z100;	快速返回到初始平面
N250	X0 Y0;	返回到工件原点
N260	M05;	主轴停止
N270	M30;	程序结束

表4-5 数控实训工件八的子程序

程序号：O0031		
程序段号	程 序 内 容	说 明
N10	G91 G01 X520 F100;	顺铣平面
N20	G00 Z5;	抬刀
N30	X-520 Y-50;	快速定位
N40	Z-5;	下刀
N50	M99;	子程序结束，返回到主程序

三、加工工件

1. 采用螺栓和压板装夹工件的步骤

（1）根据机床工作台 T 形槽选择相应尺寸的 T 形槽螺栓，清洁工作台的台面和工件装夹表面。

（2）将工件放置在工作台的中间位置上，工件的长宽方向大致与机床的 X 轴和 Y 轴平行。

（3）将 T 形槽螺栓装入到工作台的 T 形槽中。

（4）选择比工件夹紧部位略高的垫块，将压板两端通过螺钉分别压在工件和垫铁块上，螺母稍微拧紧。

（5）将百分表通过磁性表座吸附在主轴上，调整位置，使触头靠近工件基准面。

（6）采用手摇方式操作，沿 Y 轴的方向移动工作台，使百分表的触头接触工件并转动两圈左右。

（7）沿 *X* 轴的方向移动工作台，观察百分表指针的跳动情况。用橡胶榔头或铜棒轻轻敲击工件，调整位置，控制百分表指针的跳动在一格（0.01mm）之内。

（8）锁紧螺母。

（9）再次找正，若百分表指针的跳动超过要求，则松开螺栓进行调整后再找正，直至符合要求。

（10）装夹完毕，取下百分表。

2．加工操作

加工操作特别需要注意的是对刀后首先将刀具定位于一个特定的起刀点（X0，Y0，Z100），运行程序段 G92 后，建立工件坐标系，否则容易发生撞刀事故。

基 本 知 识

一、端面铣刀

铣削小平面或台阶面时，一般采用通用立铣刀铣削，称为周铣；铣削较大平面时，为了提高生产效率和提高加工表面粗糙度，一般采用刀片镶嵌式盘形面铣刀，称为面铣。面铣刀的圆周表面和端面上都有切削刃，圆周切削刃为主切削刃，端部切削刃为副切削刃，如图 4-4 所示。端面铣刀的刀位点一般设置在端面的中心点上。

图 4-4 端面铣刀

面铣刀一般制成套式镶齿结构，刀齿为高速钢或硬质合金，根据齿的密集程度分为疏齿、密齿和超密齿。硬质合金铣削速度高，加工效率高，加工表面质量好，可以加工带有硬皮和淬硬层的工件。面铣刀的刀盘直径主要根据工件宽度来选择。在选择的过程中，机床功率是首要考虑的因素，当稳定性和功率有限时，采用疏齿方式；在一般的用途和混合生产条件下首选密齿方式。在铣削的过程中，为了达到较好的切削效果，用于面铣刀的直径应比切宽大 20%～50%。

二、大平面工件的铣削工艺

大平面铣削时使用端面铣刀铣削，加工效率高，加工质量好，但由于平面加工中表面粗糙度往往要求较高，因此加工中也需要制订合理的加工工艺以保证加工质量。第一，工件装夹要牢固，以免加工中发生振动；第二，选择刚性强的刀具，刀具磨损后要及时修磨；第三，要尽可能选择直径较大的刀具，以提高加工的效率；第四，选择合适的切削速度，以免产生积屑瘤；第五，进给量不宜选择过大，否则残留面积会增多；最后，安排粗铣后精铣。

在大平面加工中，安排合理的走刀路线是保证加工质量很重要的一个方面：粗铣时为提高加工效率经常采用往返双向加工的走刀方式，背吃刀量可以选择 1.5～3mm，铣削宽度可以选择 0.6～0.8*D*，如图 4-5（a）所示，切削间可以矩形移动也可采用圆弧移动；精铣时采用单向铣削的方式，铣削宽度尽量不超过 0.5*D*，根据实际的需要选择精加工余量（即背吃刀量），精加工余量过大或过小都影响粗糙度，并且采用顺铣的方式铣削，如图 4-5（b）所示。另外，选择切削液不当或使用不当，加工中的停顿或工件材料热处理不当，都可能影响到加工后的表面粗糙度。

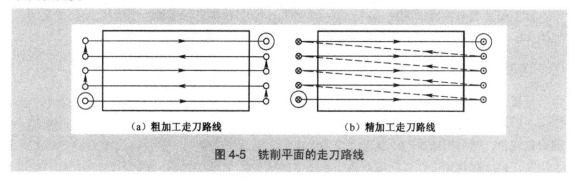

（a）粗加工走刀路线　　　　　（b）精加工走刀路线

图 4-5　铣削平面的走刀路线

三、长方体的铣削

长方体有 6 个加工平面，两两相对的平面互相平行，相邻的平面互相垂直。在加工中，为达到相应的平行度和垂直度，必须制订一个合理的加工方案。本着基面先行的原则，首先以粗基准面为基准加工半精基准面，加工中如果使用平口钳装夹工件时则改面接触为线接触，以保证基准平面与待加工平面的垂直度，然后本着互为基准的原则，以半精基准平面为基准加工精基准平面，最后以精基准平面为基准加工其他平面。加工长方体的步骤如下。

1. 粗铣平面 A

钳口与工件间垫铜皮，以平面 B 为粗基准靠近固定钳口，粗铣平面 A，如图 4-6（a）所示。

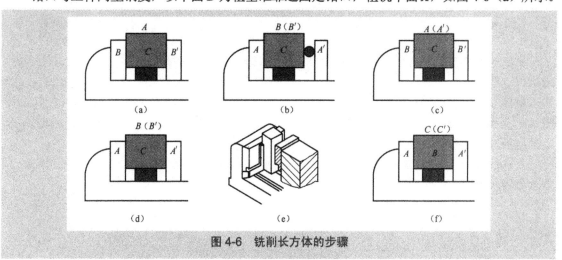

图 4-6　铣削长方体的步骤

2. 粗铣平面 B 和 B'

以平面 A 为半精基准贴紧固定钳口，在活动钳口与工件间置圆棒装夹工件，粗铣平面 B 和 B'，如图 4-6（b）所示。

3. 精铣平面 A，粗铣和精铣平面 A'

以平面 B 为半精基准贴紧固定钳口，精铣平面 A，然后粗铣和精铣平面 A'，如图 4-6（c）所示。

4. 精铣平面 B 和 B'

以平面 A 为精基准贴紧固定钳口，精铣平面 B 和 B'，如图 4-6（d）所示。

5. 垂直安装工件，粗铣和精铣平面 C 和 C'

以平面 A 为基准靠向固定钳口，用90°角尺校正工件平面 B 与平口钳钳体导轨面垂直，如图4-6（e）所示，装夹工件。粗铣和精铣平面 C 和 C'，如图4-6（f）所示。

四、压板装夹工件并找正

压板装夹工件就是将工件直接安装在铣床工作台上，并用压板压紧工件的装夹方式，如图4-7所示。装夹前，首先将工件的两个相邻的侧面贴紧并固定在工作台上的两组互相垂直的定位块上，然后用压板的一端压在工件上，另一端压在垫铁上，垫铁的高度应等于或略高于压紧部位，螺栓至工件之间的距离应略小于螺栓至垫铁间的距离。使用百分表找正工件上底面和左右侧面，如图4-8所示，找正后夹紧工件。

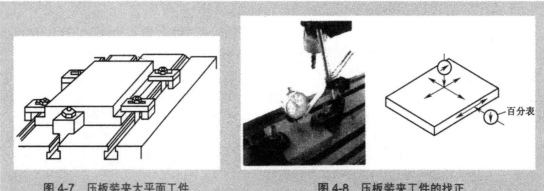

图 4-7　压板装夹大平面工件　　　　　图 4-8　压板装夹工件的找正

压板装夹工件适合于中型、大型和形状比较复杂的零件。压板装夹工件所用的工具主要是压板、垫铁、T形螺栓及螺母。为满足不同形状的装夹需要，压板的形状种类也较多。例如，箱体零件通常采用三面安装法或采用一面和两个销孔的安装方法，而后用压板紧固。如图4-9所示。首先将定位销固定在工作台的T形槽内，将垫块放置到工作台上，然后选择合适的压板、台阶型垫块和T形螺栓安装到合适的位置上，找正后压紧工件。

注意：螺栓要尽量靠近工件，以增大夹持力；在工件的光滑表面与压板间，或工件与工作台之间加垫铜片以保护工件。

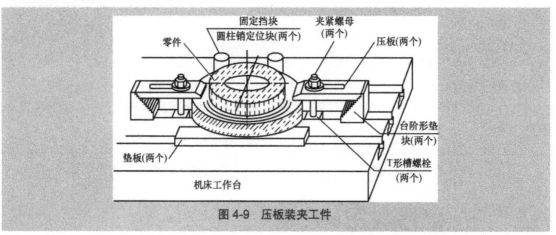

图 4-9　压板装夹工件

五、对称铣削和不对称铣削

在使用端铣刀时,当工件的中心处于铣刀中心时称为对称铣削,如图 4-10(a)所示。对称铣削时,一半为顺铣,一半为逆铣。当工件的加工表面较宽,接近铣刀直径时,应采用对称铣削。

工件的中心偏在铣刀中心的一侧时称为不对称铣削。不对称铣削也有顺铣和逆铣之分。大部分为逆铣,少部分为顺铣,称为逆铣,如图 4-10(b)所示;大部分为顺铣,少部分为逆铣,称为顺铣,如图 4-10(c)所示。铣平面时,应尽量采用不对称铣削,以减少铣削工件中的窜动。

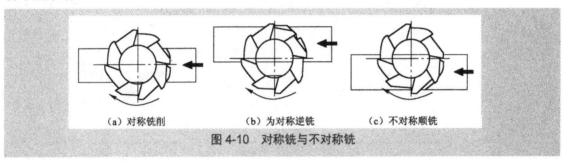

(a)对称铣削   (b)为对称逆铣   (c)不对称顺铣

图 4-10 对称铣与不对称铣

六、设定工件坐标系指令 G92

G92 指令设定工件坐标系是根据刀具刀位点当前所在的位置,及 G92 指令中 X、Y 和 Z 坐标值,反推坐标原点而设定的工件坐标系,如图 4-11 所示。例如 G92 X0 Y0 Z0;就是以刀具刀位点当前所在的位置为原点所建立的工件坐标系;G92 X100 Y200 Z300,就是以当前刀具位置的绝对坐标为 X100、Y200、Z300 所建立的工件坐标系。G92 指令设定的工件坐标系与机床坐标系无关。G92 指令程序段只是设定加工坐标系,并不产生任何动作。

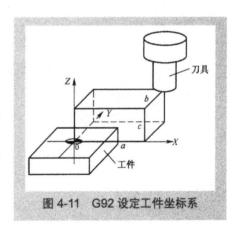

图 4-11 G92 设定工件坐标系

编程格式:G92 X__Y__Z__;

说明如下。

(1)自动加工中运行程序段 G92 X__Y__Z__;后面指令中的绝对值指令都是用此坐标系下的坐标值表示的。

(2)G92 指令是以一把标准刀具为基准刀,以该刀的刀位点建立的工件坐标系。基准刀本身的长度补偿值为零,其他刀具的补偿值都是相对于标准刀具而设置的。

(3)使用 G92 法建立工件坐标系时,刀具必须在特定的起刀点出发启动运行程序。适用于单件生产和首件加工,不适合于批量生产。

(4)采用 G92 设定的坐标系关机或回零后自动消失。再次开机要重新设立坐标系。

(5)使用 G54 设定工件坐标系,就不要再用 G92 设定工件坐标系了。

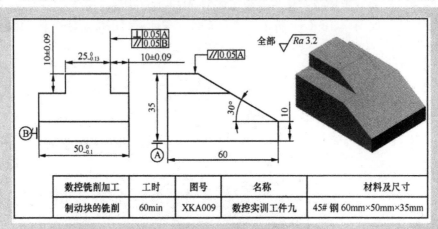

基 本 技 能

现有一毛坯为 60mm×50mm×35mm 的 45#钢长方块，试铣削如图 4-12 所示的工件。

数控铣削加工	工时	图号	名称	材料及尺寸
制动块的铣削	60min	XKA009	数控实训工件九	45# 钢 60mm×50mm×35mm

图 4-12　斜面工件的加工示例

一、分析加工工艺

1．零件图和毛坯的工艺分析

（1）工件毛坯各表面平整。下底面为一平面，可以作为基准面。上底面为一斜面和两个阶梯面，有垂直度和平行度的要求。

（2）加工阶梯面和沟槽的表面粗糙度 Ra 为 3.2μm，加工中安排粗铣加工和精铣加工。

2．确定装夹方式和加工方案

（1）装夹方式：加工斜面时采用斜垫铁装夹工件，底部用 30° 斜垫铁垫起，如图 4-13 所示。加工阶梯面时采用机用平口钳装夹，底部用平行垫铁垫起。

（2）加工方案：本着先粗后精的原则，使用端铣刀 T02 粗铣和精铣斜面，然后使用立铣刀 T03 粗铣和精铣阶梯面，最后手工去除毛刺。

3．选择刀具

在铣削斜面时，使用 ϕ100mm 端铣刀 T02 可以提高工作效率，考虑到工件表面较小，可以一次分层进给铣削完成；选择使用 ϕ18mm 的立铣刀 T03 粗铣和精铣工件上的阶梯面。

4．确定加工顺序和走刀路线

（1）建立工件坐标系的原点：铣削阶梯面时设在工件上底面的对称几何上。铣削斜面时以最高点所在的平面为上底面，如图 4-14 所示。

（2）确定起刀点：设在工件上底面对称几何中心的上方100mm 处。

（3）确定下刀点：铣削斜面时设在 a 点上方100mm（X−90 Y0 Z100）处；铣削阶梯面时设在 c 点上方100mm（X−40 Y35 Z100）处。

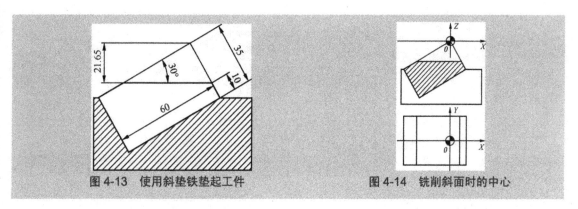

图 4-13　使用斜垫铁垫起工件　　　　图 4-14　铣削斜面时的中心

（4）确定走刀路线：铣削斜面的走刀路线为 $a \to b$；铣削阶梯面的走刀路线为 $c \to d \to e \to f$ $\to g \to c$。cd 段引入刀具半径补偿，gc 段取消刀具半径补偿，如图 4-15 所示。

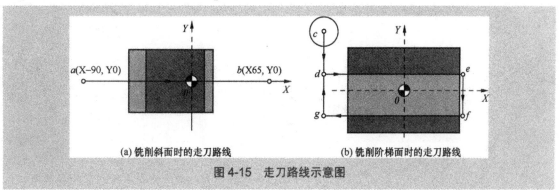

(a) 铣削斜面时的走刀路线　　　　(b) 铣削阶梯面时的走刀路线

图 4-15　走刀路线示意图

二、编写加工技术文件

1. 工序卡（见表 4-6）

表 4-6　数控实训工件九的工序卡

材　料	45#钢	产品名称或代号		零 件 名 称		零 件 图 号	
		N009		阶梯面斜面		XKA009	
工序号	程序编号	夹具名称		使用设备		车间	
0001	O0009	机用平口钳		VMC 850-E		数控车间	
0002	O0019						
工步号	工步内容	刀具号	刀具规格 ϕ（mm）	主轴转速 n（r/min）	进给量 f（mm/min）	背吃刀量 a_p（mm）	备注
1	使用斜垫铁装夹工件						手动
2	粗铣斜面	T02	$\phi 100$ 的面铣刀	300	150	3	自动 O0009
3	精铣斜面	T02	$\phi 100$ 的面铣刀	300	100	0.65	

续表 4-6

工步号	工步内容	刀具号	刀具规格 ϕ （mm）	主轴转速 n （r/min）	进给量 f （mm/min）	背吃刀量 a_p （mm）	备注
4	使用平口钳装夹工件						手动
5	粗铣阶梯面	T03	ϕ18 的立铣刀	500	50	2	自动 O0019
6	精铣阶梯面	T03	ϕ18 的立铣刀	500	50	0.5	
7	去除毛刺						手工
编制		批准		日期		共 1 页	第 1 页

2．刀具卡（见表 4-7）

表 4-7　数控实训工件九的刀具卡

产品名称或代号	N009	零件名称		外 轮 廓		零件图号		XKA009
刀具号	刀具名称	刀具规格 ϕ（mm）	加工表面	刀具半径补偿号 D	补偿值（mm）	刀具长度补偿号 H	补偿值（mm）	备注
T02	端面铣刀	100	铣平面	D02		H02	0	基准刀
T03	立铣刀	18	阶梯面	D03	9.2　9	H03	0	基准刀
编制		批准		日期		共 1 页		第 1 页

3．编写参考程序（毛坯 60mm×50mm×35mm）

（1）计算节点坐标（见表 4-8）。

表 4-8　节点坐标

节　点	X 坐 标 值	Y 坐 标 值	节　点	X 坐 标 值	Y 坐 标 值
O	0	0	d	−40	10
a	−90	0	e	31	10
b	65	0	f	31	−15
c	−40	35	g	−40	−15

（2）编制加工程序（见表 4-9 和表 4-10）。

表 4-9　数控实训工件九加工斜面的参考程序

程序号：O0009		
程 序 段 号	程 序 内 容	说　明
N10	G17 G21 G40 G49 G54 G69 G90 G94；	调用工件坐标系，设定工作环境
N20	T02 M06；	换端铣刀（数控铣床中手工换刀）
N30	S300 M03；	开启主轴

续表 4-9

	程序号：O0009	
程 序 段 号	程 序 内 容	说 明
N40	G43 G00 Z100 H02;	将刀具快速定位到初始平面
N50	X-90 Y0;	快速定位到下刀点 a（X-90 Y0 Z100）
N60	Z5 M08;	快速定位到 R 平面，开启切削液
N70	G01 Z-3 F150;	进刀
N80	G91 X155;	铣削工件到 b 点
N90	Z-3;	进刀
N100	X-155;	铣削工件到 a 点
N110	Z-3;	进刀
N120	X155;	铣削工件到 b 点
N130	Z-3;	进刀
N140	X-155;	铣削工件到 a 点
N150	Z-3;	进刀
N160	X155;	铣削工件到 b 点
N170	Z-3;	进刀
N180	X-155 M09;	铣削工件到 a 点，关闭切削液
N190	G01 Z-0.65 F100;	精铣进刀
N200	X155;	铣削工件到 b 点
N210	G90 G00 Z100;	快速返回到初始平面
N220	X0 Y0;	返回到工件原点
N230	M05;	主轴停止
N240	M30;	程序结束

表 4-10 数控实训工件九加工阶梯面的参考程序

	程序号：O0019	
程 序 段 号	程 序 内 容	说 明
N10	G17 G21 G40 G49 G55 G69 G90 G94;	调用工件坐标系，设置工作环境
N20	T03 M06;	换立铣刀（数控铣床中手工换刀）
N30	S500 M03;	开启主轴
N40	G43 G00 Z100 H03;	将刀具快速定位到初始平面
N50	X-40 Y35;	快速定位到下刀点 c（X-40 Y35 Z100）
N60	Z5 M08;	快速定位到 R 平面，开启切削液
N70	G01 Z0.5 F50;	进刀
N80	M98 P50032;	粗铣阶梯面 $D=9.2$mm
N90	G91 G01 Z1.5;	退刀 1.5mm 以便于精铣
N100	M98 P0032;	精铣阶梯面 $D=9$mm

续表 4-10

程序号：O0019		
程序段号	程序内容	说　明
N110	G00 Z100 M09；	快速返回到初始平面，关闭切削液
N120	X0 Y0；	返回到工件原点
N130	M05；	主轴停止
N140	M30；	程序结束

表 4-11　数控实训工件九加工阶梯面的子程序

程序号：O0032		
程序段号	程序内容	说　明
N10	G91 G01 Z-2 F50；	进刀
N20	G90 G41 G00 Y10 D02；	快速定位到 d 点，引入半径补偿
N30	G01 X31 F50；	铣削到 e 点
N40	Y-15；	铣削到 f 点
N50	X-40；	铣削到 g 点
N60	G40 G00 Y35；	返回到 c 点，取消半径补偿
N70	M99；	程序结束

三、加工工件

加工操作同上一个工件，不再赘述。注意正反装夹工件对刀时 Z 轴零点位置的不同。

<h1 style="text-align:center">基 本 知 识</h1>

一、斜面的加工方法

所谓斜面，是指零件上与基准面成倾斜的平面。在数控铣削中可以参考普通铣床铣削斜面的方法铣削斜面，铣削斜面的常用方法有：① 把工件转成所需角度铣削斜面；② 把铣刀转成所需角度铣削斜面；③ 用角度铣刀铣削斜面。但铣削斜面有一些特定的条件：一是工件的斜面应平行于工作台的进给方向；二是工件的斜面应与铣刀的切削位置相吻合，即用圆周刃铣刀铣削时，斜面与铣刀的外圆柱面相切，用端面刃铣刀铣削时，斜面与铣刀的端面相重合。在数控铣削中也可以使用宏程序实现斜面的加工，但加工效率较低。在五轴数控铣削加工中心中，一次装夹可完成不同方向和不同角度的多个斜面的打孔、镗孔、攻螺纹和铣削等多工序加工。现在仅介绍一些简单的斜面铣削的方法。

1. 工件按所需角度倾斜装夹铣斜面

铣削斜面前，可将工件按所需角度倾斜装夹，再铣削斜面。常用的有用倾斜垫铁装夹工件铣削斜面。方法是使用倾斜垫铁使工件基准面倾斜，用压板装夹工件，铣出斜面，如图 4-16

所示。所用垫铁的倾斜程度需与斜面的倾斜程度相同，垫铁的宽度应小于工件宽度。用这种方法铣斜面，装夹、校正工件方便，倾斜垫铁制造容易，适用于小批量生产。在成批且大量生产时，常使用专用夹具装夹工件铣斜面，以达到优质高产的目的。

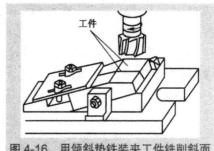

图 4-16　用倾斜垫铁装夹工件铣削斜面

另外，也可以用平口钳装夹工件时调转平口钳的钳体角度的方法铣削斜面。方法是安装平口钳，先校正固定钳口与工作台纵向进给方向平行或垂直后，再通过平口钳底座上的刻度线将钳体调转到所需角度要求的位置，装夹工件，铣出要求的斜面，如图 4-17 所示。

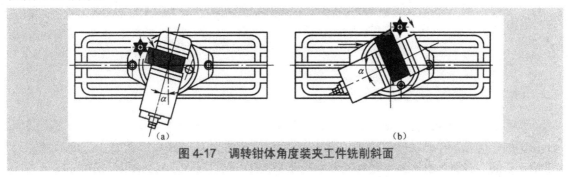

图 4-17　调转钳体角度装夹工件铣削斜面

2. 用角度铣刀铣斜面

用角度铣刀铣斜面，必须选择与斜面倾角一致的角度铣刀进行加工，适用于较窄斜面的铣削，如图 4-18 所示。图 4-18（a）所示为铣削单斜面时的情况，图 4-18（b）所示为铣削双斜面时的情况。

3. 把铣刀倾斜所需角度后铣斜面

在立铣头可扳转的立式铣床上，用平口钳或压板装夹工件。安装在经扳转角度后的立铣头主轴上的立铣刀或端铣刀可以铣削出所要求的斜面，如图 4-19 所示。

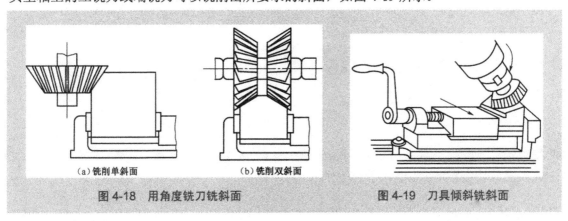

（a）铣削单斜面　　　（b）铣削双斜面

图 4-18　用角度铣刀铣斜面　　　　图 4-19　刀具倾斜铣斜面

立铣头扳转后，铣削斜面常用的方法有两种，如图 4-20 所示（α 为立铣头扳转的角度，β 为工件斜面的倾斜角）。在图 4-20（a）中，使用圆周刃铣削斜面，立铣头的扳转角度 $\alpha=90°-\beta$；在图 4-20（b）中，使用端面刃铣削斜面，立铣头的扳转角度 $\alpha=\beta$。端铣与周铣相比，其优点是：刀轴比较短，铣刀直径比较大，工作时同时参加切削的刀齿较多，铣削时较平稳，铣削用量可适当增大，切削刃磨损较慢，能一次铣出较宽的平面。缺点是：一次的铣削深度一般不及周铣。在相同的铣削用量条件下，一般端铣比周铣获得的表面粗糙度值要大。

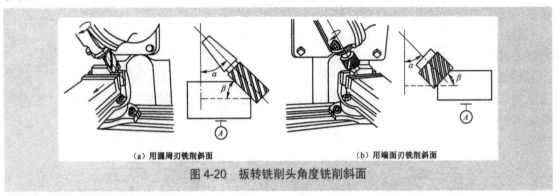

（a）用圆周刃铣削斜面   （b）用端面刃铣削斜面

图 4-20　扳转铣削头角度铣削斜面

二、角度铣刀和三面刃铣刀

角度铣刀有单角铣刀和双角铣刀，每种铣刀都有一定的规格，使用时根据铣削斜面的倾斜角度的不同选择合适的角度铣刀。图 4-21 所示为单角铣刀；图 4-22 所示为三面刃铣刀，常用于切断、单侧面加工、沟槽加工和特种重型加工。

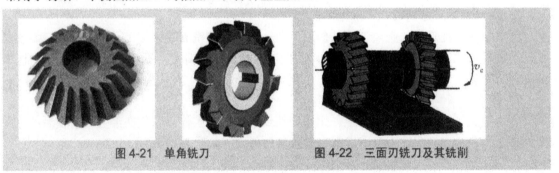

图 4-21　单角铣刀   图 4-22　三面刃铣刀及其铣削

任务三　圆柱面的铣削

基 本 技 能

现有一毛坯为 150mm×120mm×40mm 的 45#钢，6 个表面已经加工完成，粗糙度 Ra 已达到 6.3μm。试铣削如图 4-23 所示的工件。

一、分析加工工艺

1. 零件图和毛坯的工艺分析

（1）工件上底面有一个 R60 的圆柱面，圆柱面的母线长为 60mm，圆柱面在上底面的截面宽度为 80mm；侧面上有一个 R8 的半圆槽和一个外轮廓，外轮廓圆弧半径为 R8。

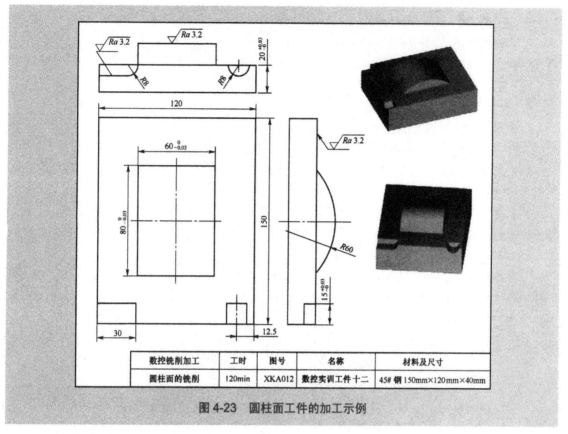

图 4-23　圆柱面工件的加工示例

（2）该工件有表面粗糙度的要求，需要安排粗加工和精加工。

2．确定装夹方式和加工方案

（1）装夹方式：加工 G17 平面时采用机用平口钳装夹，底部用等高垫块垫起，使工件上底面高于钳口 25mm，以便于对刀操作和铣削加工，如图 4-24（a）所示。在使用普通数控铣床加工 G19 平面时，为使程序的编制相对简单，使用刀具少，加工效率高，采用竖直装夹，如图 4-24（b）所示。二次装夹时定位或找正基准要符合基准的选用原则，以确保工件的平行度和垂直度的要求。

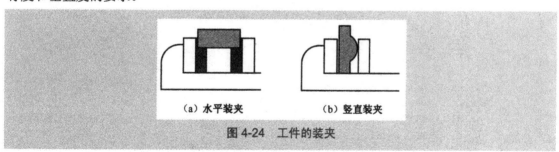

（a）水平装夹　　　　　（b）竖直装夹

图 4-24　工件的装夹

（2）加工方案：首先使用立铣刀 T02 粗铣和精铣 G17 平面的外轮廓，然后使用球头铣刀 T03 铣削圆柱面，竖直装夹后用立铣刀 T04 铣削 G19 平面中的外轮廓（实际上仍然在 G17 平面内加工）。

3．选择刀具

（1）选择使用 ϕ 22mm 的立铣刀 T02 铣削 G17 平面圆柱面的外轮廓。

（2）选择使用 ϕ 10mm 的球头铣刀 T03 铣削圆柱面。

（3）选择使用 ϕ 12mm 的立铣刀 T04 铣削 G19 平面的外轮廓。

4．确定加工顺序和走刀路线

（1）建立工件坐标系的原点：加工 G17 平面时设在工件上底面的对称几何中心上，如图 4-25（a）所示；加工 G19 平面时设在顶点上，如图 4-25（c）所示。

（2）确定起刀点：加工 G17 平面时设在工件上底面对称几何中心的上方 100mm 处；加工 G19 平面时设在工件坐标系原点的上方 100mm 处。

（3）确定下刀点：加工 G17 平面的外轮廓时设在 a 点上方 100mm（X–100 Y–80 Z100）处，加工圆柱面时设在 k 点上方 100mm（X–50 Y–30 Z100）处；加工 G19 平面时设在 r 点上方 100mm（X0 Y0 Z100）处。

（4）确定走刀路线：铣削外轮廓的走刀路线为 a→b→c→d→e→f→g→h→i→j→a，如图 4-25（a）所示；铣削圆柱面的走刀路线如图 4-25（b）所示；铣削 G19 平面轮廓的走刀路线如图 4-25（c）所示。

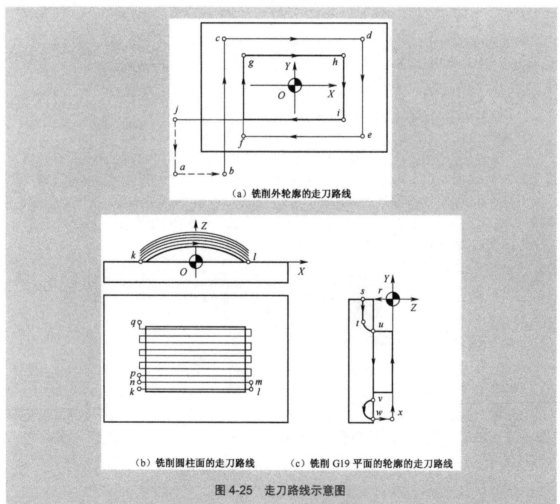

（a）铣削外轮廓的走刀路线

（b）铣削圆柱面的走刀路线　（c）铣削 G19 平面的轮廓的走刀路线

图 4-25　走刀路线示意图

二、编写加工技术文件

1. 工序卡（见表 4-12）

表 4-12　数控实训工件十二的工序卡

材　料	45#钢	产品名称或代号		零 件 名 称		零 件 图 号	
		N012		圆 柱 面		XKA012	
工序号	程序编号	夹具名称		使用设备		车间	
0001	O0012	机用平口钳		VMC 850-E		数控车间	
0002	O0112						
工步号	工步内容	刀具号	刀具规格 ϕ（mm）	主轴转速 n（r/min）	进给量 f（mm/min）	背吃刀量 a_p（mm）	备注
1	铣外轮廓	T02	ϕ22 的立铣刀	280	30	3	自动 O0012
2	铣圆柱面	T03	ϕ10 的球头铣刀	530	50	1	
3	竖直安装工件并找正						手动
4	铣外轮廓	T04	ϕ12 的立铣刀	530	50	2	自动 O00112
编制		批准		日期		共 1 页	第 1 页

2. 刀具卡（见表 4-13）

表 4-13　数控实训工件十二的刀具卡

产品名称或代号		N012	零件名称	圆 柱 面		零件图号		XKA012
刀具号	刀具名称	刀具规格 ϕ（mm）	加工表面	刀具半径 补偿号 D	补偿值（mm）	刀具长度 补偿号 H	补偿值（mm）	备注
T02	立铣刀	22	铣外轮廓	D02	11	H02		刀长补偿值由操作者确定
T03	球头铣刀	10	铣圆柱面	D03	5	H03		
T04	立铣刀	12	铣外轮廓	D04	6	H04		
编制		批准		日期		共 1 页		第 1 页

3. 编写参考程序（毛坯 150mm×120mm×40mm）

（1）计算节点坐标（见表 4-14）。

（2）编制加工程序（见表 4-15 和表 4-16，子程序见表 4-17～表 4-19）。

表 4-14 节点坐标

节　点	X 坐标值	Y 坐标值	节　点	X 坐标值	Y 坐标值
a	−100	−80	m	50	−29.9
b	−55	−80	n	−50	−29.9
c	−55	45	p	−50	−29.8
d	55	45	q	−50	30.2
e	55	−45	r	0	0
f	−40	−45	s	−28	0
g	−40	30	t	−28	−22
h	40	30	u	−20	−30
i	40	−30	v	−20	−99.5
j	−100	−30	w	−20	−115.5
k	−50	−30	x	0	−115.5
l	50	−30	O	0	0

表 4-15 数控实训工件十二的参考程序（一）

程序号：O0012		
程序段号	程序内容	说　明
N10	G15 G17 G21 G40 G49 G54 G69 G80 G90 G94 G98;	调用工件坐标系，设定工作环境
N20	T02 M06;	换 ϕ20mm 的立铣刀（数控铣床中手工换刀）
N30	S280 M03;	开启主轴
N40	G43 G00 Z100 H02;	将刀具快速定位到初始平面
N50	X−100 Y−80;	快速定位到下刀点（X−100 Y−80 Z100）
N60	G00 Z5;	快速定位到参考平面
N70	G01 Z1.5 F30;	快速定位
N80	M98 P70051;	粗铣外轮廓
N90	G91 G01 Z2.5;	快速定位
N100	M98 P0051;	精铣外轮廓
N110	G90 G00 Z100;	返回到初始高度
N120	X0 Y0;	返回到工件零点
N130	M05;	主轴停止
N140	M00;	程序暂停
N150	T03 M06;	换球头铣刀（数控铣床中手工换刀）
N160	S530 M03;	开启主轴
N170	G43 G00 Z100 H03;	将刀具快速定位到初始平面
N180	X−50 Y−30;	快速定位到下刀点（X−50 Y−30 Z100）
N190	Z5;	快速进刀到 k 点
N200	G65 P0052 L20;	调用宏程序，铣削圆柱面

续表 4-15

程序号：O0012		
程序段号	程序内容	说　明
N210	G90 G00 Z100；	返回到初始高度
N220	X0 Y0；	返回到工件零点
N230	M05；	主轴停止
N240	M30；	程序结束

表 4-16　数控实训工件十二的参考程序（二）

程序号：O0112		
程序段号	程序内容	说　明
N10	G15 G17 G21 G40 G49 G54 G69 G80 G90 G94 G98；	调用工件坐标系，设定工作环境
N20	T04 M06；	换 ϕ12mm 的立铣刀（数控铣床中手工换刀）
N30	S530 M03；	开启主轴
N40	G43 G00 Z100 H02；	将刀具快速定位到初始平面
N50	X0 Y0；	快速定位到下刀点（X0 Y0 Z100）
N60	G00 Z5；	快速定位到参考平面
N70	G01 Z1.5 F50；	快速定位
N80	M98 P80053；	粗铣外轮廓
N90	G91 G01 Z1.5 F50；	快速定位
N100	M98 P0053；	精铣外轮廓
N110	G90 G00 Z100；	返回到初始高度
N120	X0 Y0；	返回到工件零点
N130	M05；	主轴停止
N140	M30；	程序结束

表 4-17　数控实训工件十二的子程序（一）

程序号：O0051		
程序段号	程序内容	说　明
N10	G91 G01 Z-3.0 F30；	Z 向进刀
N20	G90 G41 G01 X-55 D02；	铣削到 b 点，引入半径补偿
N30	Y45；	铣削到 c 点
N40	X55；	铣削到 d 点
N50	Y-45；	铣削到 e 点
N60	X-40；	铣削到 f 点
N70	Y30；	铣削到 g 点
N80	X40；	铣削到 h 点

续表 4-17

程 序 段 号	程 序 内 容	说 明
	程序号：O0051	
N90	Y-30;	铣削到 i 点
N100	X-100;	铣削到 j 点
N110	G40 G01 Y-80;	返回到 a 点，取消半径补偿
N120	M99;	子程序结束，返回到主程序

表 4-18 数控实训工件十二的子程序（二）

程 序 段 号	程 序 内 容		说 明
	程序号：O0052		
N10	G91 G01 Z-1.0 F50;		Z 向进刀
N20	#1=0;		变量赋初值
N25		WHILE [#1 LE 60] DO 1;	条件判断
N30	G01 X8.134;		X 向插补到圆弧起点
N40	G18 G03 X83.733 Z0 R65;		逆时针铣削圆柱面
N50	G01 X8.134;		X 向插补到 l 点
N60	Y0.1;	循环体与左边相同	Y 向进刀到 m 点
N70	X-8.134;		-X 向插补圆弧起点
N80	G18 G02 X-83.733 Z0 R65;		顺时针铣削圆柱面
N90	G01 X-8.134;		-X 向插补到 n 点
N100	Y0.1;		Y 向进刀到 p 点
N110	#1= # 1+0.2;		
N120	IF [#1 LE 60] GOTO 30;	END 1;	条件判断
N130	G00 Y-60.2;		返回到铣削的起刀 k 点
N140	M99;		子程序结束，返回到主程序

表 4-19 数控实训工件十二的子程序（三）

程 序 段 号	程 序 内 容	说 明
	程序号：O0053	
N10	G91 G01 Z-2.0 F50;	Z 向进刀
N20	G90 G41 G01 X-28 D04;	进给到 s 点，引入半径补偿
N30	Y-22;	铣削直线到 t 点
N40	G03 X-20 Y-30 R8;	铣削 $R8$ 圆弧到 u 点
N50	G00 Y-99.5;	快速定位到 v 点
N60	G03 Y-115.5 R-8;	铣削 $R8$ 圆弧到 w 点
N70	G01 X0;	铣削到 x 点
N80	G40 G00 Y0;	返回到起点，取消半径补偿
N90	M99;	子程序结束，返回到主程序

三、加工工件

加工操作同上一个工件，不再赘述。

基本知识

一、曲面的加工

复杂的曲面加工一般通过自动编程来实现，而对于比较简单的曲面可以根据曲面的形状和刀具的形状以及精度的要求，采用不同的铣削方法手工编程加工。在数控铣削中对于不太复杂的空间曲面，使用较多的是两坐标联动的三坐标行切法。

所谓的"两坐标联动的三坐标行切法"又称为二轴半坐标联动，是指在加工中选择 X、Y 和 Z 三坐标轴中任意二轴作联动插补，并沿第三轴作单独的周期进刀的加工方法，如图 4-26 所示。将 Y 向分成若干段，球头铣刀沿 ZX 面所截的曲线进行铣削，每一段加工完成后沿 Y 轴进给一个行间距 ΔY，再加工另一条相邻的曲线，如此依次切削即可加工整个曲面。行间距 ΔY 的选取取决于轮廓表面粗糙度的要求。

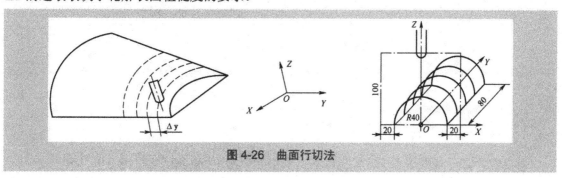

图 4-26 曲面行切法

所谓"行切法"加工，即刀具与零件轮廓的切点轨迹是一行一行的，行间距按照零件加工精度的要求确定。行切法加工有两种走刀路线。在如图 4-27（a）所示的行切法一的加工方案中，每次行切都沿直线加工，刀位点计算简单，程序少，加工过程符合直纹面的形成，可以准确保证母线的直线度。在如图 4-27（b）所示的行切法二的加工方案中，每次行切都沿曲线加工，加工效果符合这类零件数据给出的情况，便于加工后检验，叶形的准确度高，但程序较多。在安排走刀路线时，边界敞开的直纹曲面由于没有其他表面的限制，球头刀应由边界外开始加工。

二、球头铣刀

加工三维曲面轮廓时，一般用球头铣刀进行切削，如图 4-28 所示。加工时球头铣刀的刀头半径应选得大些，有利于散热，但在加工凹面时刀头半径应小于曲面的最小曲率半径。

对立铣刀而言，曲面加工是由刀尖完成的。当刀尖沿圆弧 R_1 运动时，其刀具中心的运动轨迹也是一个圆弧 R，只是位置相差一个刀具半径 r，如图 4-29（a）所示。对球头铣刀而言，在曲面加工过程中，刀具在曲面轮廓的不同位置时用刀具球头的不同点切削，其刀具中心的运动轨迹是球面的同心球面，半径相差一个刀具半径，如图 4-29（b）所示。所以，使用球头中心的坐标来编程非常方便。铣削球面时铣削坐标的计算可参考图 4-29（c）。计算公式是：

$$X=R\cos\theta，Z=R\sin\theta（R=R_1+r）$$

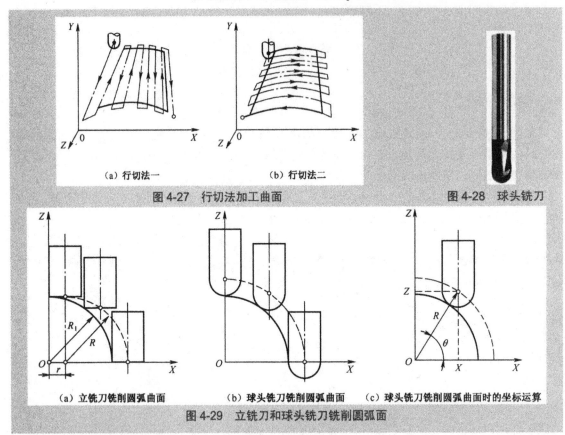

（a）行切法一　　　　　　　（b）行切法二

图 4-27　行切法加工曲面　　　　　　　　　　　图 4-28　球头铣刀

（a）立铣刀铣削圆弧曲面　　（b）球头铣刀铣削圆弧曲面　（c）球头铣刀铣削圆弧曲面时的坐标运算

图 4-29　立铣刀和球头铣刀铣削圆弧面

　　球头铣刀在凸球面加工中的走刀路线，在进刀控制上一般使用从下向上进刀的方式来完成，此时主要使用铣刀侧刃切削，表面质量较好，端刃磨损较小，同时切削力将刀具向欠切方向推，有利于控制加工的尺寸。

三、用户宏程序

1. 用户宏程序

　　用户宏程序是一组以子程序的形式存储并带有变量的程序，简称"宏程序"。同子程序一样，宏程序将实现某一特定功能的指令，以子程序的形式存储在系统存储器中，通过宏程序的调用指令执行这一功能。子程序只能描述一个几何形体，缺乏灵活性和适用性，而宏程序可以采用变量进行编程，通过对这些变量进行赋值和运算等处理，实现一些非圆曲线（椭圆和二次曲线等）的加工。

　　在 FANUC 系统中，用户宏程序有 A 和 B 两类。0i 系列采用 B 类宏程序。下面对 B 类宏程序加以说明。

2. 用户宏程序中的变量

　　（1）变量。在常规的主程序和子程序中，总是将一个具体的数值赋给一个地址。为使程序更具有通用性和灵活性，宏程序设置了变量。与普通的编程语言不同的是，用户宏程序不允许使用变量名。变量用变量符号（#）和后面的变量号制定，例如：#1。

表达式可以用于指定变量号，但表达式必须在括号里，例如：#[#1+#2-12]。

变量根据变量号分为 4 种类型，见表 4-20。

表 4-20　变量类型

变 量 号	变量类型	功 能
#0	空变量	该变量总为空，不能赋值
#1～#33	局部变量	只能用在宏程序中存储数据。断电时被初始化为空。调用宏程序时自变量对局部变量赋值
#100～#199 #500～#999	公共变量	公共变量在不同的宏程序中有不同的意义。断电时，变量#100～#199 被初始化为空；变量#500～#999 的数据保存，即断电也不丢失
#1000～	系统变量	用于读写 CNC 运行时的各种数据，例如：刀具的当前位置和补偿值

在函数的自变量中经常使用到局部变量和文字变量。在局部变量中文字变量与数字序号变量有确定的对应关系，见表 4-21。

表 4-21　文字变量与数字序号变量的对应关系

文字变量	数字符号变量	文字变量	数字符号变量	文字变量	数字符号变量
A	#1	I	#4	T	#20
B	#2	J	#5	U	#21
C	#3	K	#6	V	#22
D	#7	M	#13	W	#23
E	#8	Q	#17	X	#24
F	#9	R	#18	Y	#25
H	#11	S	#19	Z	#26

说明：① 文字变量 G、L、N、O 和 P 不能在自变量中使用；② 不需要的文字变量可以省略；③ 在指令中文字变量一般不需要按照字母顺序指定，但应符合文字变量的格式，I、J 和 K 的指定需要按照字母顺序。

（2）变量的赋值。变量可以直接赋值，也可以在宏程序的调用中赋值。

例如：#100=100.0;

　　G65 P0041 L5 X100.0 Y100.0 Z-20.0;（X、Y 和 Z 不表示坐标地址）

赋值后，#24=100.0，#25=100.0，#26=-20.0。

（3）变量的运算（见表 4-22）。

变量可以把算术运算和函数运算结合在一起使用，运算的先后顺序是：带有括号的运算优先进行，然后依次是函数运算、乘除运算和加减运算。但连同函数中使用的括号在内，括号在表达式中最多不能超过 5 层，例如，#1=sin[[[#1+#3]*#4+#5]*#6]，否则将出现 P/S 报警 No.118。

3. 用户宏程序中的控制指令

控制指令起到控制程序流向的作用，分为无条件转移指令、有条件转移指令和循环指令 3 种。

表 4-22 变量的运算

功能	格式	备注	功能	格式	备注
定义	#i= #j		平方根	#i=SQRT [#j];	
加法	#i= #j+#k;		绝对值	#i=ABS[#j];	
减法	#i= #j-#k;		含入	#i=ROUND[#j];	
乘法	#i= #j*#k;		下取整	#i=FIX[#j];	
除法	#i= #j/#k		上取整	#i=FUP[#j];	
			自然对数	#i=LN[#j];	
			指数函数	#i=EXP[#j]	
正弦 反正弦 余弦 反余弦 正切 反正切	#i=sin[#j]; #i=arcsin[#j] ; #i=cos[#j]; #i=arccos[#j] ; #i=tan[#j]; #i=arctan[#j]	角度以度为单位。例如：90° 30′表示为90.5°	或 异或 与	#i=#j OR #k; #i=#j XOR #k; #i=#j AND #k	逻辑运算一位一位地按二进制数执行
			从 BCD 转为 BIN 从 BIN 转为 BCD	#i=BIN[#j]; #i=BCD[#j]	用于与 PMC 的信号交换

（1）无条件转移指令。

格式：GOTO *n*;

　　　 GOTO #10;

说明：① *n* 为顺序号（1~9999）；② 可以用表达式指定顺序号。

（2）有条件转移指令。

格式：IF [条件表达式] GOTO *n*;

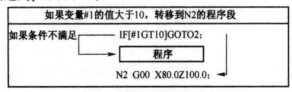

如果条件表达式满足，执行一个预先定义的宏程序语句。

如果#1和#2的值相同，0赋值给#3

IF[#1EQ#2] THEN #3=0;

说明如下。① 当指定条件不满足时，执行下一个程序段；② 当指定条件满足时，转移到标有顺序号为 *n* 的程序段，见表 4-23。

表 4-23 运算符号

运算符	含义	运算符	含义
EQ	等于（=）	NE	不等于（≠）
GT	大于（>）	GE	大于或等于（≥）
LT	小于（<）	LE	小于或等于（≤）

使用有条件转移和无条件转移语句可以构成循环的指令结构。

例如：计算数值 1～100 的总和，如表 4-24 所示。

表 4-24　计算数值 1～100 的总和的程序

程序号：O2010		
程 序 段 号	程 序 内 容	说　　明
N10	#1=0	和数变量赋初始值
N20	#2=1	被加数变量赋初始值
N30	IF [#2 GT 100.0] GOTO 70	有条件转移
N40	#1=#1+#2	计算和数
N50	#2=#2+1	下一个被加数
N60	GOTO 30	无条件转移
N70	M30	程序结束

（3）循环指令。

格式：WHILE　[条件表达式]　DO m；（m=1、2、3）

　　　END m；

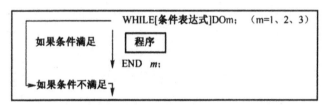

说明：① 当指定的条件满足时，循环执行从 DO 到 END 之间的程序；条件表达式不满足时，执行 END 后的程序段。② 标号值为 1、2、3，用标号值以外的值会产生 P/S 报警 No.126。③ WHILE DO m 和 END m 必须成对使用，嵌套不允许超过 3 级。

4. 宏程序的格式及调用

宏程序的格式与子程序的完全相同。

格式（1）：G65 P p L ㇄（自变量指定）；

说明如下。

P：要调用的程序。

㇄：重复调用的次数，默认值为 1。

自变量：数据传输到宏程序。

格式（2）：G66 P p L ㇄（自变量指定）；

　　　G67；

说明：一旦发出 G66 则指定模态调用，即指定沿移动轴移动的程序段后调用宏程序，直到 G67 取消模态调用。

四、侧面轮廓的加工

普通的数控铣床在加工侧面的轮廓时，为了简化编制的加工程序，提高工作效率，同时又使加工效果好，一般采用竖直方式安装加工。

项目知识拓展

一、非圆曲线方程（见表 4-25）

表 4-25　非圆曲线方程

曲　线	图　形	标准方程	参数方程	备　注
椭　圆		$x^2/a^2 + y^2/b^2 = 1$	$x = a\cos\phi$ $y = b\sin\phi$	a 为长半轴长 b 为短半轴长 ϕ 为离心角
双曲线		$x^2/a^2 - y^2/b^2 = 1$	$x = a\sec\phi$ $y = b\tan\phi$	a 为实半轴 b 为虚半轴 ϕ 为离心角
抛物线		$y^2 = 2px$	$x = 2pt^2$ $y = 2pt$	$t = \tan\alpha$

二、非圆曲线的加工实例

在数控铣床或加工中心上加工如图 4-30 所示的椭圆形工件，椭圆长半轴为 35mm，短半轴为 20mm，深度为 3mm，椭圆长轴与零件侧面的夹角为 45°，零件毛坯为 80mm×80mm×23mm。

将工件上表面的左下角确定为工件坐标系的零点。加工椭圆时，先将工件坐标原点偏置到椭圆中心，再将工件坐标系旋转 45°；根据椭圆参数方程（$X = a\cos\alpha$，$Y = a\sin\alpha$），采用直

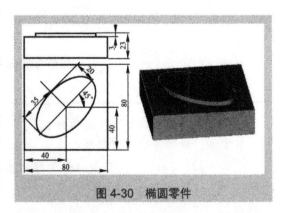

图 4-30　椭圆零件

线逼近法在椭圆上以角度分段，粗加工时以 3° 为一个步长，精加工时以 1° 为一个步长，将角度作为自变量进行椭圆的加工。子程序中对椭圆的参数以变量的形式定义，在主程序中通过 G65 指令中的参数为子程序中的变量赋值。

1. 定义变量（见表 4-26）

表 4-26　椭圆曲线参数及变量

数字变量	文字变量	含　义
#1	A	椭圆长半轴 a
#2	B	椭圆短半轴 b
#4	I	椭圆离心角 α（首次调用是初始角度）
#5	J	椭圆离心角终止角度 β
#6	K	椭圆离心角角度步长 γ
#7	D	刀具半径补偿 D
#9	F	铣削进给速度 F
#18	R	坐标系的旋转角度 R
#24	X	椭圆中心坐标 X_0
#25	Y	椭圆中心坐标 Y_0
#26	Z	铣削加工深度 Z

2. 椭圆外轮廓铣削宏程序（见表 4-27）

表 4-27　椭圆子程序

程序号：O0100		
程序段号	程序内容	说　明
N10	#30=#1*COS[#4-1];	椭圆曲线起点延长线坐标 $X_0=a\cos(\alpha-1)$
N20	#31=#2*SIN[#4-1];	椭圆曲线起点延长线坐标 $Y_0=b\sin(\alpha-1)$
N30	#33=#1*COS[#5+1];	椭圆曲线终点延长线坐标 $X_1=a\cos(\beta+1)$
N40	#34=#2*SIN[#5+1];	椭圆曲线终点延长线坐标 $X_1=b\sin(\beta+1)$
N50	G52 X#24 Y#25;	以椭圆圆心为局部坐标系的原点
N60	G68 X0 Y0 R#18;	以椭圆圆心为中心，工件坐标系旋转 R
N70	G90 G00 X[2*#1] Y#2;	快速定位至下刀点
N80	G01 Z#26 F#9;	工进进刀至铣削深度 Z
N90	G42 X#30 Y#31 D#7;	右刀补到椭圆的铣削起点
N100	WHILE [#4 GT #5] DO 1;	如果离心角#4 大于终止角#5，跳转到 END 1
N110	#30=#1*COS [#4];	$X=a\cos\alpha$
N120	#31=#2*SIN [#4];	$Y=b\sin\alpha$
N130	G01 X#30 Y#31;	铣刀沿着椭圆曲线做直线插补
N140	#4=#4+#6;	离心角按步距递增

续表 4-27

程序号：O0100		
程序段号	程 序 内 容	说 明
N150	END 1;	循环体终点
N160	G01 X#33 Y#34 F#9;	沿着椭圆终点延长线切出
N170	G40 G00X[2*#1] Y#2;	取消刀具补偿，退出工件铣削
N180	G69;	取消坐标系旋转
N190	G52 X0 Y0;	取消局部坐标系
N200	M99;	子程序结束，返回主程序

3. 加工程序（见表 4-28）

表 4-28　椭圆车削主程序

程序段号	程 序 内 容	说 明
N10	G17 G90 G21 G40 G49 G54 G80;	调用工件坐标系
N20	T01 M06;	换刀
N30	S400 M03;	开启主轴
N40	G43 G00 Z100 H01;	调用刀具长度补偿
N50	X0 Y0;	定位到下刀点
N60	Z5 M09;	定位到参考高度，开启冷却液
N70	G65 P0100 X40 Y40 Z-2.5 R45 A35 B20 I0 J360 K3 D10.1 F150;	调用椭圆外轮廓宏程序进行椭圆粗加工
N80	S600 M03;	主轴升速
N90	G65 P0100 X40 Y40 Z-3 R45 A35 B20 I0 J360 K1 D10 F100;	调用椭圆外轮廓宏程序进行椭圆精加工
N100	G00 Z100 M09;	返回初始高度
N110	X0 Y0;	返回到原点上方
N120	M05;	主轴停转
N130	M30;	程序结束

项目评价

一、练习题

1. 压板装夹前，首先将工件的两个相邻的侧面贴紧_____上，然后用压板进行装夹，垫铁的高度应_____于压紧部位。

2. G92 指令是以_____的刀位点建立的工件坐标系。该刀本身的长度补偿值为_____，其他刀具的补偿值都是相对于_____而设置的。

3. 思考数控铣削中怎样保证加工平面的平行度和垂直度？

4. 数控铣削中影响加工平面粗糙度的因素有哪些？铣削平面时怎样保证工件的厚度？

5. 使用 G92 法设定工件坐标系，基准刀具必须从特定点起始进行加工。为什么？

6. 能否使用三面刃铣刀铣削斜面沟槽？

7. 能否使用坐标旋转指令 G68 将斜面的加工转化为平面的加工？

8. 斜面的铣削方法有哪几种？上网浏览带有回转工作台的机床如何加工斜面。

9. 用倾斜铣刀的方法铣斜面，立铣头的扳转角度如何确定？

10. 选择角度铣刀有何要求？

11. 选择使用角度铣刀铣削有何不足？

12. 使用立铣刀加工曲面时应注意什么问题？

13. 思考怎样铣削一个半圆球面？为什么一般采用从下向上的进刀方式？

14. 球头铣刀的刀位点在哪里？如何对刀？能否在 G18 平面中使用半径补偿进行加工？

15. 侧面的圆弧面为什么在立式数控铣床中应重新装夹后加工？

16. 使用 WHILE DO 和 END 循环指令编写程序以计算从 1 到 100 的和。

二、技能训练

1. 现有一毛坯为 70mm×50mm×45mm 的 45#钢板，试铣削成如图 4-31 所示的正六面体。

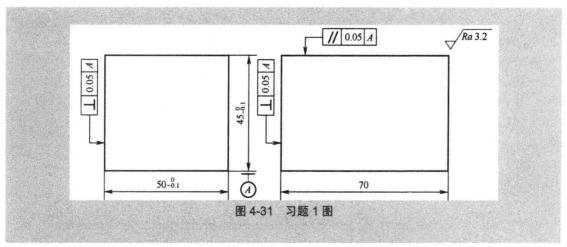

图 4-31　习题 1 图

2. 现有一毛坯为 50mm×30mm×30mm 的 45#钢板，试铣削成如图 4-32 所示的阶梯面。

3. 毛坯为已经加工成长方体 40mm×40mm×30mm 的 45#钢板，试铣削成如图 4-33 所示的四棱台。

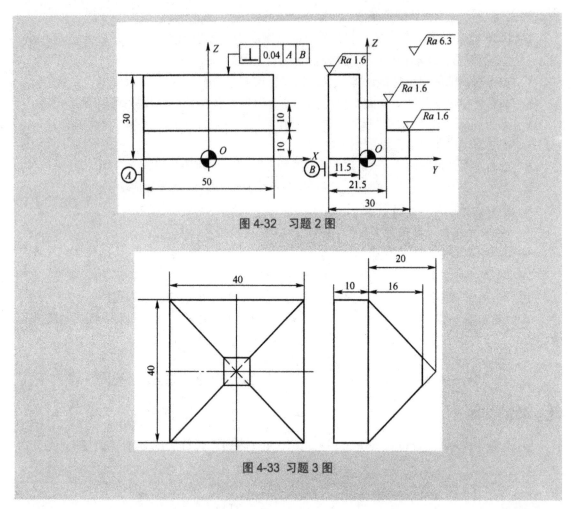

图 4-32 习题 2 图

图 4-33 习题 3 图

4. 现有一毛坯为 70mm×50mm×45mm 的 45#钢长方块，试铣削如图 4-34 所示的工件。

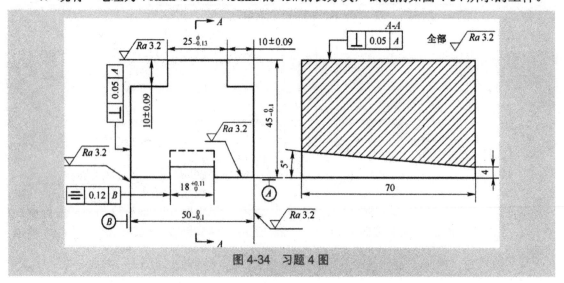

图 4-34 习题 4 图

5. 现有一毛坯为 100mm×45mm×17mm 的 45#钢板，试铣削成如图 4-35 所示的压板。

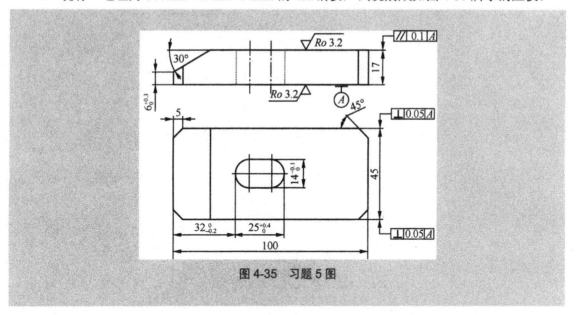

图 4-35 习题 5 图

6. 现有一毛坯为 100mm×80mm×20mm 钢板，试铣削成如图 4-36 所示的工件。

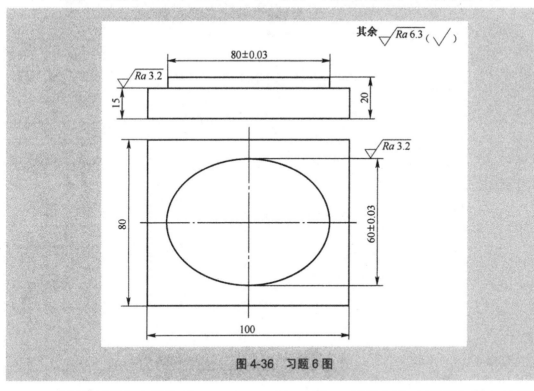

图 4-36 习题 6 图

7. 毛坯为已经加工好的 100mm×80mm×30mm 的 45#钢长方块，试铣削如图 4-37 所示的工件。

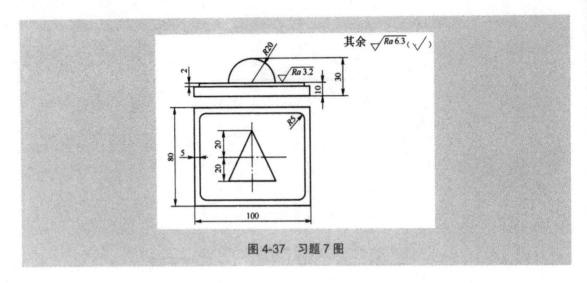

图 4-37　习题 7 图

三、项目评价评分表

1. 个人知识和技能评价

评价项目	项目评价内容	分值	自我评价	小组评价	教师评价	得分
项目理论知识	① 指令格式及走刀路线	5				
	② 基础知识融会贯通	5				
	③ 零件图纸分析	5				
	④ 制定加工工艺	5				
	⑤ 加工技术文件的编制	5				
项目实操技能	① 程序的输入	5				
	② 图形模拟	10				
	③ 刀具、毛坯的装夹及对刀	5				
	④ 加工工件	5				
	⑤ 尺寸与粗糙度等的检验	5				
	⑥ 设备维护和保养	10				
安全文明生产	① 正确开、关机床	5				
	② 工具、量具的使用及放置	5				
	③ 机床维护和安全用电	5				
	④ 卫生保持及机床复位	5				
职业素质培养	① 出勤情况	5				
	② 车间纪律	5				
	③ 团队协作精神	5				
合计总分						

2. 小组学习活动评价表

班级：_____　　小组编号：_____　　成绩：_____

评价项目	评价内容及评价分值			学员自评	同学互评	教师评分
分工合作	优秀（12～15分）	良好（9～11分）	继续努力（9分以下）			
	小组成员分工明确，任务分配合理，有小组分工职责明细表	小组成员分工较明确，任务分配较合理，有小组分工职责明细表	小组成员分工不明确，任务分配不合理，无小组分工职责明细表			
获取与项目有关质量、市场、环保等内容的信息	优秀（12～15分）	良好（9～11分）	继续努力（9分以下）			
	能使用适当的搜索引擎从网络等多种渠道获取信息，并合理地选择信息、使用信息	能从网络获取信息，并较合理地选择信息、使用信息	能从网络或其他渠道获取信息，但信息选择不正确，信息使用不恰当			
实操技能操作情况	优秀（16～20分）	良好（12～15分）	继续努力（12分以下）			
	能按技能目标要求规范完成每项实操任务，能正确分析机床可能出现的报警信息，并对显示故障能迅速排除	能按技能目标要求规范完成每项实操任务，但仅能部分正确分析机床可能出现的报警信息，并对显示故障能迅速排除	能按技能目标要求完成每项实操任务，但规范性不够。不能正确分析机床可能出现的报警信息，不能迅速排除显示故障			
基本知识分析讨论	优秀（16～20分）	良好（12～15分）	继续努力（12分以下）			
	讨论热烈、各抒己见，概念准确、原理思路清晰、理解透彻，逻辑性强，并有自己的见解	讨论没有间断、各抒己见，分析有理有据，思路基本清晰	讨论能够展开，分析有间断，思路不清晰，理解不够透彻			
成果展示	优秀（24～30分）	良好（18～23分）	继续努力（18分以下）			
	能很好地理解项目的任务要求，成果展示逻辑性强，熟练利用信息技术平台进行成果展示	能较好地理解项目的任务要求，成果展示逻辑性较强，能较熟练利用信息技术平台进行成果展示	基本理解项目的任务要求，成果展示停留在书面和口头表达，不能熟练利用信息技术平台进行成果展示			
合计总分						

>>>> 项目小结 <<<<

本项目主要介绍了一般平面与阶梯面、斜面和圆柱面的铣削，介绍了平面度、平行度、垂直度的保证方法等内容。通过本项目的学习，要求能正确使用平口钳和压板装夹并找正工件；能正确选择平面加工用刀具与切削用量；能编写铣削平面、阶梯面和简单曲面的程序，并在数控铣床或铣削加工中心上加工出来。

❶ 设定工件坐标系指令 G92

G92 指令设定工件坐标系是根据刀具刀位点当前所在的位置，及 G92 指令中 X、Y 和 Z 坐标值，反推坐标原点而设定的工件坐标系。现在多用 G54 来设定坐标系，G92 用在首件加工或单件加工中。

❷ 平面、阶梯面和斜面的铣削

平面的加工编程指令比较简单，多用 G00、G01 指令，根据余量大小的不同可以采用分层铣削的方法。需要注意的是加工顺序的安排和加工方法的选择。大平面的加工多用端铣刀，采用周铣的方法铣削，阶梯面的加工多用立铣刀；斜面的加工根据具体情况可以选用端铣刀或立铣刀，其加工难点在于工件的装夹和对刀操作。

❸ 曲面的铣削

对于比较简单的圆柱面和圆锥面要能够使用两轴半联动的方式进行铣削加工。对于一些基本功比较扎实的学生也可以使用宏程序进行非圆曲线的加工。

项目五

孔 的 加 工

项目情境

在盘类和箱类的工件中有通孔、盲孔、螺纹孔和沉孔等，如图 5-1 所示。因此，孔的加工在金属切削中占有很大的比重。加工孔的方法很多。有点孔、钻孔、扩孔、锪孔、铰孔、镗孔和铣孔等。对于这类孔该如何选择加工方法呢？如何保证它们的尺寸精度、表面粗糙度和位置精度呢？

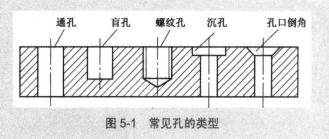

图 5-1　常见孔的类型

项目学习目标

	学 习 目 标	学 习 方 式	学 时
技能目标	根据图纸钻削孔和加工内螺纹等	机床实践操作	40
知识目标	① 了解孔的加工方法，制订孔的加工方案； ② 理解循环指令 G73、G76、G80、G81、G82、G83、G85、G87 和 G89 并正确使用； ③ 掌握 G98 和 G99 指令的使用方法； ④ 理解循环指令 G74 和 G84 并正确使用，掌握 M29 刚性攻螺纹的方法； ⑤ 掌握极坐标指令 G15 和 G16 的使用方法； ⑥ 掌握百分表在孔类工件中的对刀方法	理论学习，仿真软件演示，上机操作练习	8
情感目标	保持好奇心，锻炼意志，增强探究欲，培养学生团结协作、互相帮助的精神，具有探究新知识、新技术的能力，具有多方位获取信息的能力，具有对工作结果进行评估的能力	设计适度难题，锻炼意志	

目任务分析

孔的加工是铣削加工中的重要内容，为熟练掌握各种孔类零件的加工，该项目精心安排了两个训练任务，基本涵盖了常见孔的类型，通过这两个任务，详细介绍了通孔、盲孔、螺纹孔的加工方法和常用孔相关加工指令的应用。

目基本功

任务一 通孔的加工

基 本 技 能

现有一毛坯为已经加工好的 100mm×80mm×25mm 的 45#钢，试加工如图 5-2 所示的工件。

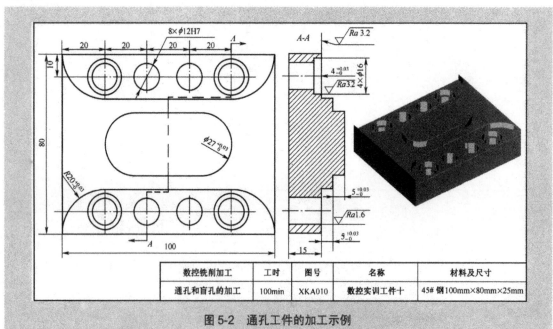

数控铣削加工	工时	图号	名称	材料及尺寸
通孔和盲孔的加工	100min	XKA010	数控实训工件十	45# 钢100mm×80mm×25mm

图 5-2 通孔工件的加工示例

一、分析加工工艺

1. 零件图和毛坯的工艺分析

（1）工件中有两个高 5mm 的阶台，阶台两侧各有 4 个 ϕ12H7 的通孔，四角的通孔还有深 4mm、ϕ16mm 的沉孔槽。

（2）该工件四周平面和盲孔底面的表面粗糙度 Ra 为 3.2μm，沉孔外所有孔的侧面的表面粗糙度 Ra 为 1.6μm。孔及轮廓的加工均需要安排粗加工和精加工。

2．确定装夹方式和加工方案

（1）装夹方式：采用机用平口钳装夹，底部用等高垫块垫起，使加工平面高于钳口 10mm。等高垫块所放置的位置不能影响钻孔加工。

（2）加工方案：本着先面后孔和先粗后精的原则，首先使用立铣刀 T02 先粗铣和精铣外轮廓，然后用中心钻 T03 定位，用麻花钻 T04 钻孔，钻削周边的 8 个通孔，然后再使用铣刀 T05 铣削沉孔槽，最后使用铰刀 T06 铰削通孔。

3．选择刀具

（1）选择使用 ϕ25mm 的立铣刀 T02 粗铣和精铣外轮廓。

（2）选择使用 A4 中心钻 T03 定位。

（3）选择使用 ϕ11.7mm 的麻花钻 T04 钻削 ϕ12mm 的通孔。

（4）选择 ϕ10mm 的立铣刀 T05 铣削沉孔槽。

（5）选择 ϕ12H7 的铰刀 T06 铰孔。

4．确定加工顺序和走刀路线

（1）建立工件坐标系的原点：设在工件上底面的对称几何中心上。

（2）确定起刀点：设在工件上底面对称几何中心的上方 100mm 处。

（3）确定下刀点：铣削外轮廓和加工通孔时设在 a 点上方 100mm（X–70 Y–60 Z100）处；加工盲孔时设在 O 点上方 100mm（X0 Y0 Z100）处。

（4）确定走刀路线：铣削外轮廓 1 时走刀路线为 $a \to b \to c \to d \to e \to f \to g \to a$；铣削外轮廓 2 时走刀路线为 $a \to h \to i \to j \to k \to l \to m \to a \to n \to o \to p \to q \to r \to s \to t$；加工盲孔时走刀路线为 $a \to A \to B \to C \to D \to a \to E \to F \to G \to H$，如图 5-3 所示。

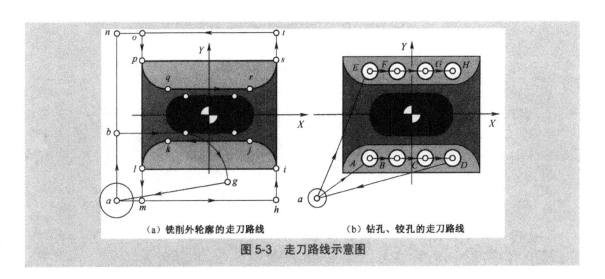

（a）铣削外轮廓的走刀路线　　（b）钻孔、铰孔的走刀路线

图 5-3　走刀路线示意图

二、编写加工技术文件

1. 工序卡（见表5-1）

表5-1　数控实训工件十的工序卡

材　料	45#钢	产品名称或代号		零件名称		零件图号	
		N0010		通孔		XKA010	
工序号	程序编号	夹具名称		使用设备		车间	
0001	O0010	机用平口钳		VMC 850-E		数控车间	
工步号	工步内容	刀具号	刀具规格 ϕ （mm）	主轴转速 n（r/min）	进给量 f （mm/min）	背吃刀量 a_p（mm）	备注
1	粗铣外轮廓	T02	ϕ25 的立铣刀	400	80	3	
2	精铣外轮廓	T02	ϕ25 的立铣刀	400	80	0.5	
3	钻定位点	T03	A4 中心钻	1400	70		
4	钻 ϕ12mm 孔	T04	ϕ11.7 的麻花钻	500	80		自动 O0010
5	铣 ϕ16mm 沉孔	T05	ϕ10 的立铣刀	600	90	2	
6	铰 ϕ12mm 孔	T06	ϕ12H7 铰刀	160	60		
7	去除毛刺						手工
编制		批准		日期		共 1 页	第 1 页

2. 刀具卡（见表5-2）

表5-2　数控实训工件十的刀具卡

产品名称或代号		N0010	零件名称		通孔		零 件 图 号	XKA010
刀具号	刀具名称	刀具规格 ϕ （mm）	加工表面	刀具半径补偿号 D	补偿值 （mm）	刀具长度补偿号 H	补偿值 （mm）	备注
T02	立铣刀	25	铣外轮廓	D02	12.5	H02		
T03	中心钻	A4	钻定位点	D03	27	H03		
T04	麻花钻	11.7	钻 ϕ12 的孔			H04		刀长补偿值在操作时确定
T05	立铣刀	10	铣 ϕ16 的孔	D05	5	H05		
T06	铰刀	12H7	铰 ϕ12 的孔			H06		
编制		批准		日期		共 1 页		第 1 页

3. 编写参考程序（毛坯 100mm×80mm×25mm）

（1）计算节点坐标（见表5-3）。

表5-3　节点坐标

节　点	X 坐 标 值	Y 坐 标 值	节　点	X 坐 标 值	Y 坐 标 值
a	−70	−60	o	−50	60
b	−70	−13.5	p	−50	40
c	16.5	−13.5	q	−30	20
d	16.5	13.5	r	30	20
e	−16.5	13.5	s	50	40
f	−16.5	−13.5	t	50	60
g	20	−50	A	−30	−30
h	50	−60	B	−10	−30
i	50	−40	C	10	−30
j	30	−20	D	30	−30
k	−30	−20	E	−30	30
l	−50	−40	F	−10	30
m	−50	−60	G	10	30
n	−70	60	H	30	30

（2）编制加工程序（见表5-4，子程序见表5-5～表5-9）。

表5-4　数控实训工件十的参考程序

程序号：O0010		
程序段号	程 序 内 容	说　明
N10	G17 G21 G40 G49 G54 G69 G80 G90 G94 G98;	设置工作环境
N20	T02 M06;	换立铣刀（数控铣床中手动换刀）
N30	S400 M03;	开启主轴
N40	G00 X−70 Y−60;	快速定位到下刀点 a
N50	G43 G00 Z100 H02;	快速定位到初始平面
N60	Z5 M08;	快速定位到 R 平面，开启冷却液
N70	G01 Z1.5 F80;	定位
N80	M98 P20040;	粗铣外轮廓1
N90	G01 Z−2;	定位
N100	M98 P0040;	精铣外轮廓1
N110	G00 Z100 M09;	快速返回到初始平面，关闭切削液
N120	X0 Y0;	返回到程序起点
N130	M05;	主轴停止
N140	M00;	程序暂停

续表 5-4

	程序号：O0010	
程序段号	程 序 内 容	说 明
N150	T02 M06；	换立铣刀（数控铣床中手动换刀）
N160	S400 M03；	开启主轴
N170	G00 X−70 Y−60；	快速定位到下刀点 a
N180	G43 G00 Z100 H02；	快速定位到初始平面
N190	Z0 M08；	快速定位到 R 平面，开启冷却液
N200	G01 Z−3.5 F80；	定位
N210	M98 P20042；	粗铣外轮廓 2
N220	G01 Z−7；	定位
N230	M98 P0042；	精铣外轮廓 2
N240	G00 Z100 M09；	快速返回到初始平面，关闭切削液
N250	X0 Y0；	返回到程序起点
N260	M05；	主轴停止
N270	M00；	程序暂停
N280	T03 M06；	换中心钻（数控铣床中手动换刀）
N290	S1400 M03；	开启主轴
N300	G00 X−70 Y−60；	快速定位到下刀点 a
N310	G43 G00 Z100 H03；	快速定位到初始平面
N320	G99 G81 X−30 Y−30 Z−16 R−5 F70；	钻削定位点 A 后返回到 R 平面
N330	G91 X20 Z−11 K3；	钻削定位点 B、C 和 D
N340	G90 G00 Z100；	返回到初始平面
N350	X−70 Y−60；	返回到 a 点
N360	G99 G81 X−30 Y30 Z−16 R−5 F70；	钻削定位点 E 后返回到 R 平面
N370	G91 X20 Z−11 K3；	钻削定位点 F、G 和 H
N380	G90 G00 Z100；	返回到初始平面
N390	X−70 Y−60；	返回到 a 点
N400	M05；	主轴停止
N410	M00；	程序暂停
N420	T04 M06；	换 ϕ11.7mm 的麻花钻（数控铣床中手动换刀）
N430	S500 M03；	开启主轴
N440	G00 X−70 Y−60；	快速定位到下刀点 a
N450	G43 G00 Z100 H04；	快速定位到初始平面
N460	G99 G83 X−30 Y−30 Z−29 R−5 Q3 F80；	钻削定位点 A 后返回到 R 平面
N470	G91 X20 Z−24 K3；	钻削定位点 B、C 和 D
N480	G90 G00 Z100；	返回到初始平面
N490	X−70 Y−60；	返回到 a 点

续表 5-4

程序段号	程序内容	说　　明
	程序号：O0010	
N500	G99 G83 X−30 Y30 Z−29 R−5 Q3 F80；	钻削定位点 E 后返回到 R 平面
N510	G91 X20 Z−24 K3；	钻削定位点 F、G 和 H
N520	G90 G00 Z100；	返回到初始平面
N530	X0 Y0；	返回到工件原点
N540	M05；	主轴停止
N550	M00；	程序暂停
N560	T05 M06；	换 ϕ10mm 的立铣刀（数控铣床中手动换刀）
N570	S600 M03；	开启主轴
N580	G00 X−70 Y−60；	快速定位到下刀点 a
N590	G43 G00 Z100 H05；	快速定位到初始平面
N600	X−30 Y−30；	铣削 A 点沉孔槽
N610	M98 P0043；	
N620	X30；	铣削 D 点沉孔槽
N630	M98 P0043；	
N640	G00 Z100	返回到初始平面
N650	X−70 Y−60；	返回到 a 点
N660	X−30 Y30；	铣削 E 点沉孔槽
N670	M98 P0043；	
N680	X30 Y30；	铣削 H 点沉孔槽
N690	M98 P0043；	
N700	G00 Z100；	返回到初始平面
N710	X0 Y0 M09；	返回到工件原点
N720	M05；	主轴停止
N730	M00；	程序暂停
N740	T06 M06；	换 ϕ12H7 铰刀（数控铣床中手动换刀）
N750	S160 M03；	开启主轴
N760	G43 G00 Z100 H06；	快速定位到初始平面
N770	G00 X−70 Y−60；	快速定位到下刀点 a
N780	G99 G85 X−30 Y−30 Z−26 R−5 F60；	铰削定位点 A 后返回到 R 平面
N790	G91 X20 Z−21 K3；	铰削定位点 B、C 和 D
N800	G90 G00 Z100；	返回到初始平面
N810	X−70 Y−60；	返回到 a 点
N820	G99 G85 X−30 Y30 Z−26 R−5 F60；	铰削定位点 E 后返回到 R 平面
N830	G91 X20 Z−21 K3；	铰削定位点 F、G 和 H
N840	G90 G00 Z100；	返回到初始平面

续表 5-4

	程序号：O0010	
程序段号	程序内容	说明
N850	X0 Y0；	返回到工件原点
N860	M05；	主轴停止
N870	M30；	程序结束

表 5-5　数控实训工件十的子程序（一）

	程序号：O0040	
程序段号	程序内容	说明
N10	D03；	D03=27
N20	M98 P0041；	铣削外轮廓 1
N30	G91 G00 Z3 D02；	D03=12.5
N40	M98 P0041；	铣削外轮廓 1
N50	M99；	子程序结束，返回到主程序

表 5-6　数控实训工件十的子程序（一）的子程序

	程序号：O0041	
程序段号	程序内容	说明
N10	G91 G01 Z-3 F80；	进刀
N20	G90 G42 G00 Y-13.5；	进给到 b 点
N30	G01 X16.5 F80；	铣削进给到 c 点
N40	G03 Y13.5 R13.5；	铣削进给到 d 点
N50	G01 X-16.5；	铣削进给到 e 点
N60	G03 Y-13.5 R13.5；	铣削进给到 f 点
N70	G02 X20 Y-50 R36.5；	圆弧切出到 g 点
N80	G40 G00 X-70 Y-60；	返回到 a 点，取消半径补偿
N90	M99；	子程序结束，返回到上级子程序

表 5-7　数控实训工件十的子程序（二）

	程序号：O0042	
程序段号	程序内容	说明
N10	G91 G01 Z-3 F80；	进刀
N20	G90 G00 X50；	快速定位到 h 点
N30	G41 G01 Y-40 F80 D02；	铣削进给到 i 点
N40	G03 X30 Y-20 R20；	铣削进给到 j 点
N50	G01 X-30；	铣削进给到 k 点

续表 5-7

程序号: O0042		
程序段号	程序内容	说明
N60	G03 X-50 Y-40 R20;	铣削进给到 *l* 点
N70	G40 G01 Y-60;	返回到 *m* 点，取消半径补偿
N80	G00 X-70;	返回到 *a* 点
N90	Y60;	快速定位到 *n* 点
N100	X-50;	快速定位到 *o* 点
N110	G41 G01 Y40 F80 D02;	铣削进给到 *p* 点
N120	G03 X-30 Y20 R20;	铣削进给到 *q* 点
N130	G01 X30;	铣削进给到 *r* 点
N140	G03 X50 Y40 R20;	铣削进给到 *s* 点
N150	G40 G01 Y60;	返回到 *t* 点，取消半径补偿
N160	G00 X-70;	快速定位到 *n* 点
N170	Y-60;	快速定位到 *a* 点
N180	M99;	子程序结束，返回到上级子程序

表 5-8 数控实训工件十的子程序（三）

程序号: O0043		
程序段号	程序内容	说明
N10	G00 Z-8;	进刀
N20	M98 P20044;	铣削沉槽
N30	G90 G00 Z-5;	返回到 *R* 平面
N40	M99;	子程序结束，返回到主程序

表 5-9 数控实训工件十的子程序（三）的子程序

程序号: O0044		
程序段号	程序内容	说明
N10	G91 G01 Z-4 F90;	进刀
N20	G41 G01 X-6 Y-2 D05;	引入半径补偿
N30	G03 X6 Y-6 R6;	圆弧切入
N40	J8;	铣削一个整圆
N50	X6 Y6 R6;	圆弧切出
N60	G40 G01 X-6 Y2;	取消半径补偿
N70	Z2;	退刀
N80	M99;	子程序结束，返回到上一级子程序

三、加工工件

加工操作同上一个工件，不再赘述。

基 本 知 识

一、孔的加工方法

1. 点孔

点孔由中心钻来完成，在钻孔前进行，用于定位，如图5-4（a）所示。由于麻花钻的横刃具有一定的长度，同时钻孔时钻头旋转轴线不稳定，钻孔时不容易定位，因此利用中心钻在平面上先预钻一个定位孔，以便于麻花钻钻入时定位。中心钻的直径较小，加工时主轴转速一般不低于1000r/min。

2. 钻孔

钻孔由麻花钻在工件上钻削完成，如图5-4（b）所示。麻花钻一般由高速钢制造。钻孔精度等级可达到IT10～11级，表面粗糙

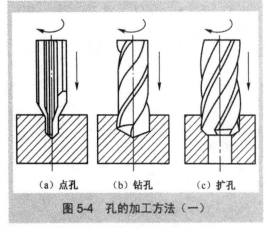

图5-4 孔的加工方法（一）

度 Ra 为50～12.5μm，钻孔直径范围为0.1～100mm。钻孔广泛用于孔的粗加工。

3. 扩孔

扩孔是用扩孔钻对工件上已有的孔进行扩大加工，如图5-4（c）所示。扩孔钻有3～4个主切削刃，没有横刃，它的刚性及导向性比麻花钻好。扩孔精度等级可达到IT9～10级，表面粗糙度 Ra 为6.3～3.2μm，扩孔直径范围为10～100mm，扩孔的加工余量一般为0.4～0.5mm。扩孔广泛应用于已经铸出、锻出或钻出的孔的扩大，也可作为精度要求不高的孔的最终加工或铰孔、磨孔前的预加工。

4. 锪孔

锪孔是用锪孔钻或锪孔刀刮平孔的端面或切出沉孔的加工方法，如图5-5（a）所示，常用于加工沉头螺钉的沉头孔、锥孔或小凸台面等。锪孔时注意切削速度不宜过快。

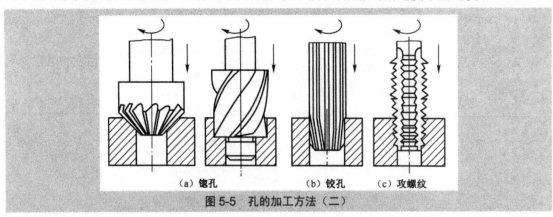

（a）锪孔　　（b）铰孔　　（c）攻螺纹

图5-5 孔的加工方法（二）

5. 铰孔

铰孔是用铰刀从工件孔壁上切除微量金属层，以提高工件的尺寸精度和表面粗糙度值，常用于钻孔和扩孔后的孔的加工，如图 5-5（b）所示。铰孔精度等级可达到 IT7～8 级，表面粗糙度 Ra 为 1.6～0.8μm，铰孔的加工余量见表 5-10 所示。铰孔用于孔的半精加工及精加工。铰刀是定尺寸刀具，有 6～12 个切削刃，刚性和导向性比扩孔钻更好，适合加工中小直径孔。

表 5-10　铰孔余量（直径值）

孔的直径（mm）	<8	8～20	21～32	33～50	51～70
铰孔余量（mm）	0.1～0.2	0.15～0.25	0.2～0.3	0.25～0.35	0.25～0.35

6. 镗孔

镗孔是用镗刀对工件上已有尺寸较大的孔进行加工，以达到相应的位置精度、尺寸精度和表面粗糙度，如图 5-6（a）所示，特别适合于加工机座、箱体和支架等外形复杂的大型零件上孔径较大和尺寸精度高，有位置精度要求的孔系。镗孔加工精度等级可达到 IT7 级，表面粗糙度 Ra 为 1.6～0.8μm，精镗孔时孔的单边余量小于 0.4mm。镗孔所使用镗刀必须要有足够的刚性，并具有断屑和排屑的功能。

7. 铣孔

在数控加工中有时也采用铣刀铣孔的方法进行孔的加工，如图 5-6（b）所示。铣孔主要用于尺寸较大的孔。对于高精度的机床，铣孔可以代替铰孔和镗孔。

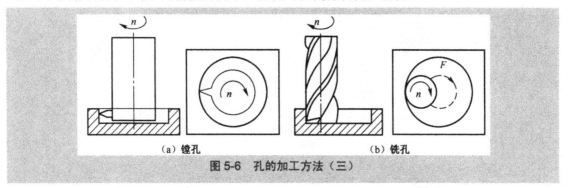

（a）镗孔　　　　　　　　　　（b）铣孔
图 5-6　孔的加工方法（三）

二、孔的加工方案的选择

在数控铣削中操作者应根据孔的尺寸精度、位置精度及表面粗糙度等的要求，兼顾生产效率、经济性以及工厂的生产设备等情况来制订和选择合适的加工方案，以达到所期望的加工效果，如表 5-11 所示。

三、钻孔固定循环

在数控加工中，将钻孔、铣孔、铰孔、镗孔和攻螺纹等加工动作用预先编制好的程序存储在系统存储器中，可以用包含 G 代码的一个程序段调用，从而大大简化程序的编写过程。一个孔的加工循环一般由 5 个基本动作构成：① 刀具在初始平面 B 内快速定位到下刀点；

② 刀具快速定位到参考平面（R 点）；③ 以切削进给的方式执行孔加工的动作；④ 在孔底的动作（包括暂停、主轴准停和刀具移位等）；⑤ 返回到参考平面（R 点）或者返回到初始平面，如图 5-7 所示。

表 5-11　孔的加工方案的选择

序号	加 工 方 案	精度等级	表面粗糙度	适 用 范 围
1	钻	11～13	50～12.5	加工未淬火及铸铁的实心毛坯，也可用于加工有色金属（但粗糙度差），孔径小于20mm
2	钻→铰	8～9	3.2～1.6	
3	钻→粗铰→精铰	7～8	1.6～0.8	
4	钻→扩	9～10	6.3～3.2	加工未淬火及铸铁的实心毛坯，也可用于加工有色金属（但粗糙度差），孔径大于20mm
5	钻→扩→铰	8～9	1.6～0.8	
6	钻→扩→粗铰→精铰	7	0.8～0.4	
7	粗镗（扩孔）	11～12	6.3～3.2	除淬火钢外的各种材料，毛坯有铸出孔或锻出孔
8	粗镗（扩孔）→半精镗（精扩）	9～10	3.2～1.6	
9	粗镗（扩孔）→半精镗（精扩）→精镗	7～8	1.6～0.8	
10	粗镗（扩孔）→半精镗（精扩）→精镗→浮动镗刀块精镗	6～7	0.8～0.4	

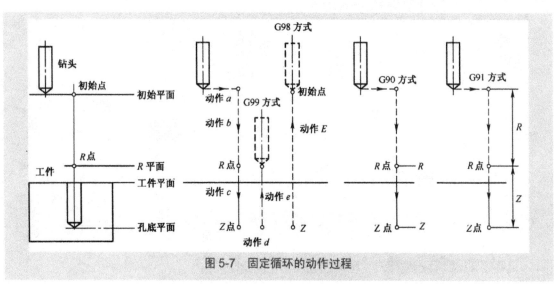

图 5-7　固定循环的动作过程

说明如下。

（1）初始平面是为安全操作而设定的定位刀具的平面。初始平面到零件表面的距离可以在保证不发生碰撞和超程的前提下任意设定。若使用同一把刀具加工若干个孔，当孔间存在障碍需要跳跃或全部孔加工完成时，可以用 G98 指令使刀具返回到初始平面；在连续加工孔的过程中可用 G99 指令使刀具返回到 R 点平面，这样可缩短加工辅助的时间。在 G91 的方式下，R 为初始平面到 R 点的增量，Z 为 R 点到 Z 点的增量。这点在使用中特别需要注意。

（2）R 点平面又称为 R 参考平面。这个平面表示刀具从快进转为工进的转折位置，R 点平面距工件表面的距离主要考虑工件表面形状的变化，一般可取 2～5mm。

（3）*Z* 表示孔底平面的位置。加工通孔时刀具应伸出工件孔底平面一段距离，以保证通孔加工到位。钻削盲孔时则应考虑钻头、钻尖对孔深的影响。

四、钻孔固定循环指令

指令格式：G×× X__ Y__ Z__ R__ P__ Q__ F__ K__；

FANUC 系统孔加工固定循环指令的各个字的含义见表 5-12（以 G17 方式说明）。

表 5-12　钻孔固定循环各个指令字的含义

指令字	说　　明
G	选择加工方式，见表 5-13
X、Y	指令所加工孔的位置
Z	绝对值方式时用于指定孔底的位置，增量值方式时用于表示 R 点到孔底的距离
R	绝对值方式时用于指定 R 点的位置，增量值方式时用于表示初始点到 R 点的距离
Q	在 G73 和 G83 中用于指定每次的进刀量或 G76 和 G87 中的偏移量
P	指定在孔底停留的时间，单位为 ms
F	指定切削进给时的进给速度
K	决定钻孔循环动作的重复次数，用于多个孔的连续加工，未指定时默认为 1

钻孔固定循环的功能见表 5-13。

表 5-13　钻孔固定循环各指令的功能

G 代码	进刀方式	在孔底的动作	退刀方式	用　　途
G73	间歇进给	—	快速进给	高速排屑钻孔循环
G74	切削进给	暂停→主轴正转	切削进给	左旋攻螺纹循环
G76	切削进给	主轴准确停止	快速进给	精镗孔循环
G80	—	—	—	固定循环取消
G81	切削进给	—	快速进给	点孔和钻孔循环（用于普通钻孔）
G82	切削进给	暂停	快速进给	钻孔和锪镗孔循环（用于沉孔和阶梯孔等）
G83	切削进给	—	快速进给	排屑钻孔循环
G84	切削进给	暂停→主轴反转	切削进给	右旋攻螺纹循环
G85	切削进给	—	切削进给	镗削循环（用于铰孔和粗镗孔）
G86	切削进给	主轴停止	快速进给	粗镗削循环
G87	切削进给	主轴正转	快速进给	背镗削循环（用于从下往上进行镗孔）
G88	切削进给	暂停→主轴停止	手动	镗削循环
G89	切削进给	暂停	切削进给	铰削和粗镗削循环

在使用固定循环前需用辅助功能 M 开启主轴，快速定位到一个安全高度（即初始高度）的过程中要引入长度补偿。循环指令使用结束后，可以使用 G80 或 01 组的任何 G 代码取消固定循环。为更好地理解固定循环指令，现将本任务中所用到的孔加工固定循环指令分述如下。

1. 点孔、钻孔循环指令 G81 与锪镗孔指令 G82

指令格式：G81 X__ Y__ Z__ R__ F__ K__；

　　　　　　G82 X__ Y__ Z__ R__ P__ F__ K__；

说明：孔加工的动作如图 5-8 所示。G82 与 G81 唯一不同之处是 G82 指令在孔底增加了暂停，因而适用于锪孔口倒角或镗阶梯孔，提高了孔阶台表面的加工质量，而 G81 指令只用于一般要求的钻孔加工或中心钻定位。

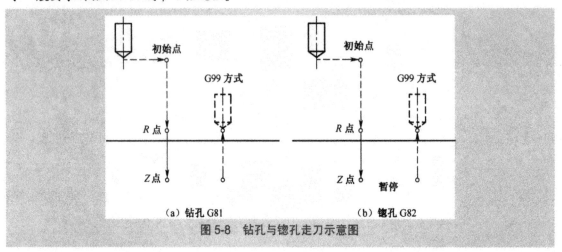

（a）钻孔 G81　　　　　　（b）锪孔 G82

图 5-8　钻孔与锪孔走刀示意图

2. 排屑钻孔循环指令 G83 和高速排屑钻孔循环指令 G73

指令格式：G83 X__ Y__ Z__ R__ Q__ F__ K__；

　　　　　　G73 X__ Y__ Z__ R__ Q__ F__ K__；

说明如下。

（1）G83 孔加工的动作如图 5-9 所示。与 G73 指令略有不同的是每次刀具间歇进给后回退至 R 点平面，这种退刀方式排屑畅通，此处的 d 表示刀具间断进给每次下降时，由快进转为工进的那一点至前一次切削进给下降的点之间的距离，d 值由数控系统内部设定。该钻削方式适宜加工深孔。

（2）G73 孔加工的动作如图 5-10 所示。G73 指令用于钻削深孔，Z 轴方向的间断进给有利于深孔加工过程中的断屑与排屑。指示 Q 为每一次进给的加工深度（增量值且为正值），图 5-11 中退刀距离 d 由数控系统内部设定。由于退刀距离短，因此钻削速度快。

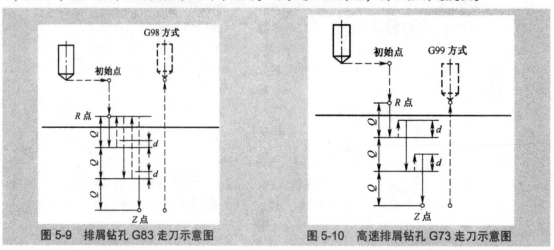

图 5-9　排屑钻孔 G83 走刀示意图　　　　图 5-10　高速排屑钻孔 G73 走刀示意图

五、子程序的嵌套

子程序可以被主程序调用,被调用的子程序也可以有子程序,这称为嵌套。在 FANUC 系统中子程序的嵌套不能超过 4 级,如图 5-11 所示。

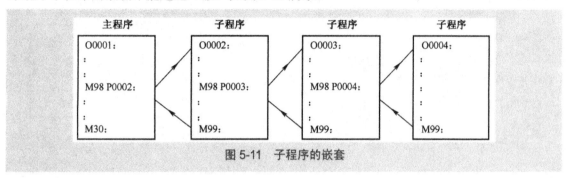

图 5-11 子程序的嵌套

六、阵列孔的加工

1. 阵列孔中位置精度的控制

对于位置精度要求较高的孔系加工,特别要注意孔的加工顺序的安排,安排不当时,就有可能将沿坐标轴的反向间隙带入,影响位置精度。如图 5-12 所示的为零件图,在该零件上加工 6 个尺寸相同的孔,有两种加工路线。当按如图 5-13 所示的路线加工时,由于 4#、5# 和 6#孔与 1#、2#和 3#孔的定位方向相反,Y 方向反向间隙会使定位误差增加,从而影响 4#、5#和 6#孔与其他孔的位置精度。若按如图 5-14 所示的路线加工时,加工完 3#孔后,往上移动一段距离到 P 点,然后再折回来加工 4#、5#和 6#孔,这样各孔定位方向采用单向趋近定位,避免了因传动系统反向间隙而产生的定位误差,提高了孔的位置精度,也提高了 4#、5# 和 6#孔与其他孔的位置精度。当然,由于数控机床传动系统几乎全部使用滚珠丝杠传动,反向间隙小,在精度要求的范围内时,编程者也可以不考虑反向间隙的影响。

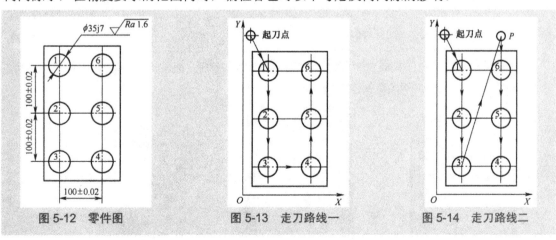

图 5-12 零件图　　　　图 5-13 走刀路线一　　　　图 5-14 走刀路线二

2. 阵列孔的加工方法

当加工很多相同的孔时,应仔细分析孔的分布规律,合理使用重复固定循环,尽量简化编程。如果各孔按等间距线性分布,可以重复固定循环加工,即用地址 K 规定重复次数。采用这种方式编程，在进入固定循环之前，刀具不能直接定位在第一个孔的位置上，而应向前移动一个孔的位置，如图 5-15 所示。在执行固定循环时，刀具要先定位再执行钻孔动作。首先定位到与 *bc* 等距的 *a* 点，使用增量编程 **G91** 和 **K** 参数，一个程序段可以加工多个孔。但应注意此时的 *Z*、*R* 也为增量值，其中 *Z* 为钻削终点相对于 *R* 点的增量。*R* 为 *R* 点相对于初始平面的增量。例如：

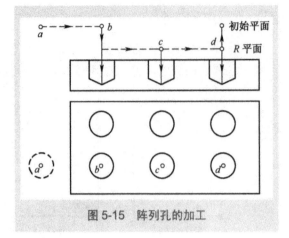

图 5-15　阵列孔的加工

```
G90 G00 X20 Y10 Z10;
G99 G91 G81 X10 Y5 Z-9 R-5 F100 K5;
```

或者　G90 G99 G81 X30 Y15 Z-4 R5 F100;

　　　G91 X10 Y5 Z-9 K4;

这两种方法都可以加工 5 个等距的孔，且孔的深度均为 4mm，如图 5-16 所示。

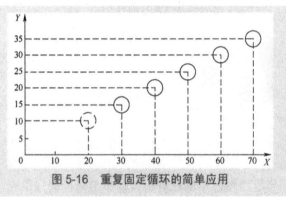

图 5-16　重复固定循环的简单应用

七、中心钻、麻花钻、铰刀和镗孔刀

在孔的加工过程中经常使用到的刀具有中心钻、麻花钻、铰刀和镗孔刀等，如图 5-17 所示。使用时应根据实际的情况选择相应的刀柄安装后即可。

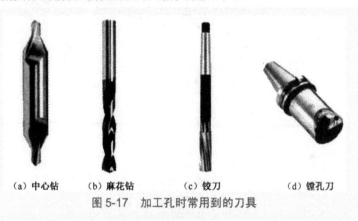

（a）中心钻　　　（b）麻花钻　　　（c）铰刀　　　（d）镗孔刀

图 5-17　加工孔时常用到的刀具

八、平面多次铣削

在数控铣削中有时为简化编程，可以使用不同的刀具半径补偿值改变刀具的铣削路径，使平面中的加工余量切除，这称为平面多次铣削，如图 5-18 所示。在使用平面多次铣削时需注意，半径补偿值不能超过编程走刀路线中圆弧曲率的半径，否则可能出现过切。

图 5-18 平面多次铣削示例

任务二 盲孔和螺纹孔的加工

基本技能

现有一毛坯为 ϕ100mm×30mm 的 45#钢，试铣削如图 5-19 所示的工件。

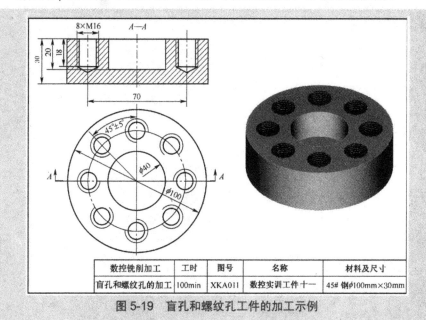

数控铣削加工	工时	图号	名称	材料及尺寸
盲孔和螺纹孔的加工	100min	XKA011	数控实训工件十一	45# 钢ϕ100mm×30mm

图 5-19 盲孔和螺纹孔工件的加工示例

一、分析加工工艺

1. 零件图和毛坯的工艺分析

（1）工件上底面有位于 ϕ70mm 的圆周上等分的 8 个 M16 的螺纹孔，螺纹长度为 18mm，工件中心是一个 ϕ40mm，深 20mm 的盲孔。

（2）该工件位置精度的要求不高，加工中可以不必考虑齿轮间隙的影响。

2．确定装夹方式和加工方案

（1）装夹方式：加工中采用三爪自定心卡盘装夹，底部用等高垫铁块垫起。

（2）加工方案：首先使用中心钻 T02 对八个孔进行定位。本着先内后外的原则，首先加工盲孔，由于盲孔直径较大且表面粗糙度 Ra 为 1.6μm，加工中安排中心钻 T02 定位后，首先使用麻花钻 T03 钻孔，再使用键槽铣刀 T04 铣削槽底，最后使用镗孔刀 T05 镗孔到要求的尺寸。然后再加工螺纹孔，加工中安排中心钻 T02 定位后，使用麻花钻 T06 钻螺纹底孔，为方便攻螺纹，使用锪孔钻 T07 加工螺纹孔口倒角，最后使用丝锥 T08 攻螺纹。

3．选择刀具

（1）选择使用 A4mm 的中心钻 T02 定位。

（2）选择 ϕ39mm 的麻花钻 T03 钻削 ϕ40mm 的盲孔。

（3）选择 ϕ18mm 的键槽铣刀 T04 铣削盲孔槽底。

（4）选择 ϕ40mm 的镗孔刀 T05 粗镗和精镗盲孔。

（5）选择使用 ϕ14mm 的麻花钻 T06 钻螺纹底孔。

（6）选择锪孔钻 T07 加工螺纹孔的孔口倒角。

（7）选择使用 M16 丝锥 T08 攻螺纹。

4．确定加工顺序和走刀路线

（1）建立工件坐标系的原点：设在工件上底面的对称几何中心上。

（2）确定起刀点：设在工件上底面对称几何中心的上方 100mm 处。

（3）确定下刀点：设在工件上底面对称几何中心 O 点上方 100mm（X0 Y0 Z100）处。

（4）确定走刀路线：加工螺纹孔的走刀路线 $O{\rightarrow}a{\rightarrow}b{\rightarrow}c{\rightarrow}d{\rightarrow}e{\rightarrow}f{\rightarrow}g{\rightarrow}h{\rightarrow}a$，如图 5-20 所示。

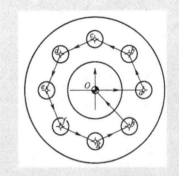

图 5-20 走刀路线示意图

二、编写加工技术文件

1．工序卡（见表 5-14）

表 5-14　数控实训工件十一的工序卡

材　料	45#钢	产品名称或代号		零件名称		零件图号	
		N011		盲孔和螺纹孔		XKA0111	
工序号	程序编号	夹具名称		使用设备		车间	
0001	O0011	机用平口钳		VMC 850-E		数控车间	
工步号	工步内容	刀具号	刀具规格 ϕ（mm）	主轴转速 n（r/min）	进给量 f（mm/min）	背吃刀量 a_p（mm）	备注
1	定位	T02	A4 中心钻	1200	60		自动 O0011
2	钻 ϕ39mm 孔	T03	ϕ38 的麻花钻	240	40		

续表 5-14

工步号	工步内容	刀具号	刀具规格 ϕ（mm）	主轴转速 n（r/min）	进给量 f（mm/min）	背吃刀量 a_p（mm）	备注
3	铣 $\phi40$mm 孔底	T04	$\phi18$ 的键槽铣刀	400	40	2	
4	粗镗 $\phi40$mm 孔	T05	$\phi40$ 的镗孔刀	900	90		自动 O0011
5	精镗 $\phi40$mm 孔	T05	$\phi40$ 的镗孔刀	900	90		
6	钻孔	T06	$\phi14$ 的麻花钻	450	70		
7	锪孔	T07	90° 锪孔刀	200	50		
8	攻螺纹	T08	M16 丝锥	120	240		
编制		批准		日期		共1页	第1页

2. 刀具卡（见表 5-15）

表 5-15　数控实训工件十一的刀具卡

产品名称或代号	N011	零件名称	盲孔和螺纹孔		零件图号		XKA011
刀具号	刀具名称	刀具规格 ϕ（mm）	加工表面	刀具半径补偿号 D	补偿值（mm）	刀具长度补偿号 H	补偿值（mm）	备注
T02	中心钻	A4	定位	D02		H02		
T03	麻花钻	39	钻 $\phi40$mm 的孔			H03		
T04	键槽铣刀	18	铣 $\phi40$mm 的孔	D04	9	H04		刀长补偿值由操作者确定
T05	镗孔刀	40	镗 $\phi40$mm 的孔			H05		
T06	麻花钻	14	钻孔	D06		H06		
T07	锪孔刀	90°	锪孔	D07		H07		
T08	丝锥	M16	攻螺纹	D08		H08		
编制		批准		日期		共1页	第1页	

3. 编写参考程序（毛坯 $\phi100$mm×30mm）

（1）计算节点坐标（见表 5-16）。

表 5-16　节点坐标（极坐标）

节点	X 坐标值	Y 坐标值	节点	X 坐标值	Y 坐标值
O	0	0	e	35	180
a	35	0	f	35	225
b	35	45	g	35	270
c	35	90	h	35	315
d	35	135			

（2）编制加工程序（见表 5-17 和 5-18）。

表 5-17　数控实训工件十一的参考程序

程序段号	程 序 内 容	说　　明
	程序号：O0011	
N10	G15 G17 G21 G40 G49 G54 G69 G80 G90 G94 G98;	调用工件坐标系，设定工作环境
N20	T02 M06;	换中心钻（数控铣床中手工换刀）
N30	S1200 M03;	开启主轴
N40	G43 G00 Z100 H02;	将刀具快速定位到初始平面
N50	X0 Y0;	快速定位到下刀点（X0 Y0 Z100）
N60	G16;	设定极坐标系
N70	G99 G81 X35 Y0 Z−6 R5 F60;	钻削 a 点
N80	G91 Y45 Z−11 K7;	钻削 b、c、d、e、f、g 和 h 点
N90	G15 G80;	取消极坐标系
N100	G90 G00 Z100;	返回到初始平面
N110	X0 Y0;	返回到 O 点
N120	M05;	主轴停止
N130	M00;	程序暂停
N140	T03 M06;	换 ϕ38mm 的麻花钻（数控铣床中手动换刀）
N150	S240 M03;	开启主轴
N160	G00 X0 Y0;	快速定位到下刀点 O
N170	G43 G00 Z100 H03;	快速定位到初始平面
N180	G98 G83 X0 Y0 Z−20 R5 Q3 F40;	钻削 O 后返回初始平面
N190	M05;	主轴停止
N200	M00;	程序暂停
N210	T04 M06;	换 ϕ18mm 的键槽铣刀（数控铣床中手动换刀）
N220	S400 M03;	开启主轴
N230	G00 X0 Y0;	快速定位到下刀点 O
N240	G43 G00 Z100 H04;	快速定位到初始平面
N250	Z−8;	快速定位
N260	M98 P60045;	铣削孔侧和孔底
N270	G00 Z100;	退刀
N280	M05;	主轴停止
N290	M00;	程序暂停
N300	T05 M06;	换 ϕ40mm 的镗孔刀（数控铣床中手动换刀）
N310	S900 M03;	开启主轴
N320	G00 X0 Y0;	快速定位到下刀点 O
N330	G43 G00 Z100 H05;	快速定位到初始平面

续表 5-17

程序段号	程序内容	说　明
	程序号：O0011	
N340	G98 G89 X0 Y0 Z-20 R5 P500 F90;	粗镗孔
N350	G76 Q0.2;	精镗孔
N360	M05;	主轴停止
N370	M00;	程序结束
N380	T06 M06;	换麻花钻（数控铣床中手工换刀）
N390	S450 M03;	开启主轴
N400	G43 G00 Z100 H06;	将刀具快速定位到初始平面
N410	X0 Y0;	快速定位到下刀点（X0 Y0 Z100）
N420	G16;	设定极坐标系
N430	G99 G73 X35 Y0 Z-14.21 R5 Q3 F70;	钻削 a 点
N440	G91 Y45 Z-19.21 K7;	钻削 b、c、d、e、f、g 和 h 点
N450	G15 G80;	取消极坐标系
N460	G90 G00 Z100;	返回到初始平面
N470	X0 Y0;	返回到 O 点
N480	M05;	主轴停止
N490	M00;	程序暂停
N500	T07 M06;	换锪孔钻（数控铣床中手工换刀）
N510	S200 M03;	开启主轴
N520	G43 G00 Z100 H07;	将刀具快速定位到初始平面
N530	X0 Y0;	快速定位到下刀点（X0 Y0 Z100）
N540	G16;	设定极坐标系
N550	G99 G82 X35 Y0 Z-9 R5 P500 F50;	钻削 a 点
N560	G91 Y45 Z-14 K7;	钻削 b、c、d、e、f、g 和 h 点
N570	G15 G80;	取消极坐标系
N580	G90 G00 Z100;	返回到初始平面
N590	X0 Y0;	返回到 O 点
N600	M05;	主轴停止
N610	M00;	程序暂停
N620	T08 M06;	换丝锥（数控铣床中手工换刀）
N630	G43 G00 Z100 H08;	将刀具快速定位到初始平面
N640	X0 Y0;	快速定位到下刀点（X0 Y0 Z100）
N650	G16;	设定极坐标系
N660	M29 S120;	设定系统为刚性攻螺纹方式
N670	G99 G84 X35 Y0 Z-8 R5 P300 F240;	攻螺纹 a 点
N680	G91 Y45 Z-13 K7;	攻螺纹 b、c、d、e、f、g 和 h 点
N690	G15 G80;	取消极坐标系

续表 5-17

程序号：O0011		
程序段号	程 序 内 容	说　　明
N700	G90 G00 Z100;	返回到初始平面
N710	X0 Y0;	返回到 O 点
N720	M05;	主轴停止
N730	M30;	程序结束，返回开始

表 5-18　数控实训工件十一的子程序

程序号：O0045		
程序段号	程 序 内 容	说　　明
N10	G91 G01 Z-2 F40;	进刀
N20	G90 G41 G01 X-10 Y-9.5 D04;	引入半径补偿
N30	G03 X0 Y-19.5 R10;	圆弧切入
N40	J19.5;	铣削整圆
N50	X10 Y-9.5 R10;	圆弧切出
N60	G40 G01 X0 Y0;	取消半径补偿
N70	M99;	子程序结束，返回到主程序

三、加工工件

加工操作同上一个工件，不再赘述。

基 本 知 识

一、极坐标指令 G15 和 G16

极坐标系是以坐标原点到目标点的连线为极径，以连线与第一坐标轴的夹角为极角而确定的坐标系。在通常的情况下，圆周分布的孔类零件（如法兰盘）以及图纸尺寸以半径和角度形式标注的零件（如铣削正多边形的外形）等常采用极坐标编程。

指令格式：G17（G18 或 G19）G90（或 G91）G16；启动极坐标方式

　　　　　G15；取消极坐标方式

说明如下。

（1）在 G90 方式下，设定 G16 时以工件坐标系的原点为极坐标的原点；在 G91 方式下，设定 G16 时以主轴中心当前所在位置为极坐标的原点。角度以所选平面的第一轴逆时针转动时的方向为正方向，顺时针转动时的方向为负方向。

（2）在极坐标方式下，第一轴表示极坐标的半径（即极径），第二轴表示极坐标的角度（即极角）。判断第一轴和第二轴的方法是：首先根据加工平面确定第三轴，由右手笛卡尔坐标系可知，当大拇指的指向和第三轴的正方向一致时，弯曲四指的指向即为第一轴旋转到第二轴的方向，如图 5-21 所示。在 G17 中，X 为第一轴，Y 为第二轴，Z 为第三轴。

（3）在极坐标方式下，半径和角度均可以使用绝对值和增量值指令。图 5-22 所示的为设定工件零点为极坐标原点时角度使用绝对值和增量值编程时的情形。

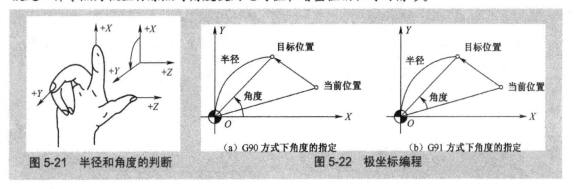

图 5-21　半径和角度的判断　　　　（a）G90 方式下角度的指定　　　（b）G91 方式下角度的指定

图 5-22　极坐标编程

二、镗孔循环指令 G85、镗阶梯孔指令 G89 和精镗循环指令 G76

指令格式：G85　X__ Y__ Z__ R__ F__ K__ ；
　　　　　　G89　X__ Y__ Z__ R__ P__ F__ K__ ；
　　　　　　G76　X__ Y__ Z__ R__ Q__ P__ F__ K__ ；

说明如下。

（1）G85 和 G89 孔加工的动作如图 5-23 所示。这两种孔加工方式，刀具以切削进给的方式加工到孔底，然后又以切削进给的方式返回 R 点平面，因此适用于半精镗孔和铰孔等情况。G89 指令在孔底增加了暂停，提高了阶梯孔台阶表面的加工质量。

（2）G76 孔加工的动作如图 5-24 所示。图中，OSS 表示主轴准停，q 表示刀具移动量（规定为正值，若使用了负值则负号被忽略）。在孔底主轴定向停止后，刀头向刀尖的相反方向按地址 q 所指定的偏移量移动，然后提刀，刀头的偏移量在 G76 指令中设定。采用这种镗孔方式可以高精度、高效率地完成孔加工而不损伤工件表面。

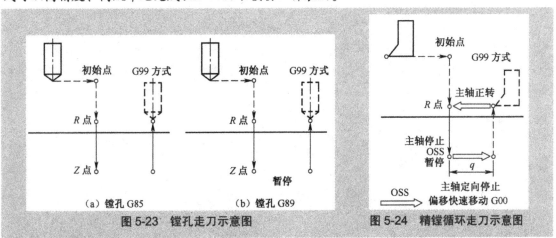

（a）镗孔 G85　　　　（b）镗孔 G89

图 5-23　镗孔走刀示意图　　　　　　图 5-24　精镗循环走刀示意图

三、螺纹加工指令 G84 与 G74

指令格式：G84　X__ Y__ Z__ R__ P__ F__ K__ ；

```
G74 X__ Y__ Z__ R__ P__ F__ K__;
```
说明如下。

（1）攻螺纹的动作如图 5-25 所示。

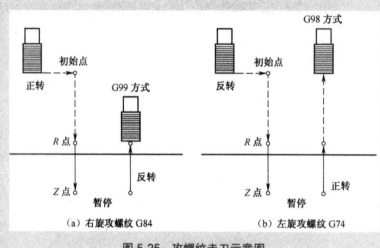

图 5-25　攻螺纹走刀示意图

（2）G84 为右旋攻螺纹循环指令，攻螺纹前应首先使主轴正转并指定主轴转速；G74 为左旋攻螺纹循环指令，攻螺纹前应首先使主轴反转并指定主轴转速。

（3）在攻螺纹前需要首先加工螺纹底孔。螺纹底孔的直径在实际加工中根据材料来确定。加工钢件或塑性材料时 $D_{实际} \approx d - P$；加工铸铁或脆性材料时 $D_{实际} \approx d - (1.05 \sim 1.1) P$。其中，$d$ 为螺纹公称直径，P 为螺距。在攻盲螺纹时，由于丝锥底部不能攻到孔底，所以螺纹底孔的深度要大于螺纹长度，孔深 $L = l + 0.7d$。其中，l 为螺纹长度，d 为螺纹公称直径。加工好螺纹底孔后，最好使用锪孔刀锪出孔口倒角，以方便攻螺纹。

（4）刚性攻螺纹中进给速度要严格按照公式计算，以免乱扣。进给速度 $f =$ 转速 $n \times$ 螺距 P。攻螺纹过程中进给倍率无效。

（5）使用 G74 或 G84 时，因为主轴回到 R 点或初始点时要反转，因此，需要一定的时间，如果用 K 进行多孔加工，则要估计主轴的启动时间。如果初始平面到 R 平面的距离较短，主轴启动时间不足，则应对每一个孔给出一个程序段，段间增加 G04 指令以保证主轴获得正常的转速。

四、刚性攻螺纹功能指令 M29

内孔螺纹的加工有两种方式：弹性攻螺纹和刚性攻螺纹。弹性攻螺纹时使用浮动攻螺纹夹头，利用丝锥自身的导向作用完成内螺纹的加工。刚性攻螺纹时使用刚性攻螺纹夹套，利用数控系统插补功能实现螺纹的加工。G84 和 G74 攻螺纹循环可以在弹性或刚性攻螺纹的方式下进行。在弹性攻螺纹的方式中，使用辅助功能 M03、M04 和 M05 使主轴旋转和停止，沿着攻螺纹轴移动时的 F 值无需特别计算。在刚性攻螺纹的方式中，用主轴电机控制攻螺纹过程，由攻螺纹轴和主轴之间的插补来执行攻螺纹，主轴每旋转一周，攻螺纹轴进给一个导程，且加减速期间该操作也不变。因此，刚性方式下攻螺纹同弹性攻螺纹相比不仅不需要浮动丝锥卡头，而且攻螺纹速度快、精度高。

用下列的任何一种方法均可以实现刚性攻螺纹。

（1）在攻螺纹指令段前使用刚性攻螺纹指令：M29 S****；（S 为刚性攻螺纹时的主轴转速）。

（2）如果要指定 G84 执行刚性攻螺纹，将参数 No.5200#0（G84）设为 1 即可。

需要说明的是，刚性攻螺纹指令 M29 只说明系统进入刚性攻螺纹模式，攻螺纹还需要使用 G84 和 G74 指令，且 M29 和 G84 与 G74 之间不能再使用 S 指令或任何坐标运动指令；刚性攻螺纹后，使用 G80 或 01 组的 G 指令代码可以取消刚性攻螺纹模式。取消刚性攻螺纹后主轴转速 S 被清除为零，后续程序（但不能是取消刚性攻螺纹的第一个程序段）需要重新指定主轴转速。

五、三爪自定心卡盘和丝锥

在需要夹紧圆柱表面时，使用安装在机床工作台上的三爪自定心卡盘最为合适。如果已经完成圆柱表面的加工，应在卡盘上安装一套软卡爪。使用端铣刀加工卡爪，直到达到希望夹紧的表面的准确直径。使用卡盘装夹工件如图 5-26 所示。

丝锥是攻螺纹并能直接获得螺纹尺寸的工具，用于内螺纹的加工，一般由合金工具钢或高速钢制成。在攻螺纹时要求排屑效果好，一般要加注切削液。丝锥用钝后应及时更换，不得强行攻螺纹，以免加工中发生折断。三爪自定心卡盘和机用丝锥如图 5-27 所示。

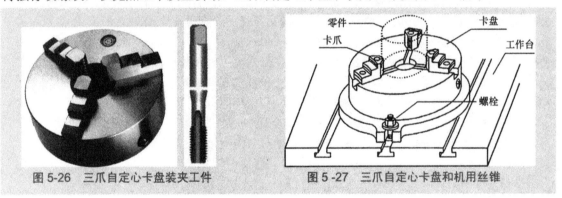

图 5-26　三爪自定心卡盘装夹工件　　　　图 5-27　三爪自定心卡盘和机用丝锥

六、进给暂停指令 G04

指令格式：G04 X__；暂停时间单位为 s。

　　　　　G04 P__；暂停时间单位为 ms。

七、三爪自定心卡盘装夹工件的找正

使用三爪自定心卡盘装夹圆柱形工件时，将百分表固定在主轴上，触头接触外圆侧母线，上下移动主轴进行 Z 向找正，根据百分表的读数，用铜棒轻敲工件进行调整，然后再次上下移动主轴，直到百分表的读数不变时，表示工件母线平行于 Z 轴。在找正工件外圆圆心时，可手动旋转主轴，触头接触外圆圆周，观察百分表的读数是否变化，如果指针跳动，根据实际情况手摇调整工件位置，直至百分表的读数不变，则工件中心与主轴轴线同轴，如图 5-28 所示。内孔中心的找正方法与外圆圆心的找正方法相同，但找正时通常使用杠杆式百分表。图 5-29 是内孔找正时的示意图。

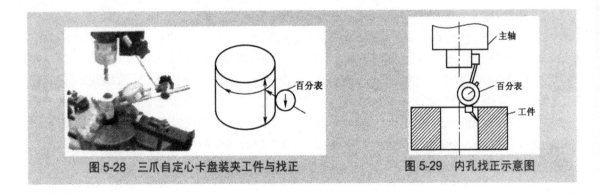

图 5-28　三爪自定心卡盘装夹工件与找正　　图 5-29　内孔找正示意图

项目知识拓展

一、背镗孔循环指令

指令格式：G98 G87 X_ Y_ Z_ R_ Q_ P_ F_ K_;
说明如下。

（1）G87 孔加工的动作如 5-30 图所示。指定 G87 前，首先使主轴旋转。刀具运动到初始平面后，主轴准停，刀具沿刀尖的反方向偏移 q 值，然后快速运动到孔底位置 R 点，接着沿刀尖正方向偏移 q 值，主轴正转，刀具向上进给运动，到 Z 点，再主轴准停，刀具沿刀尖的反方向偏移 q 值，快速返回到初始平面，接着沿刀尖正方向偏移 q 值，主轴正转。

（2）Q 必须指定为正值，否则无效。执行背镗孔循环指令加工孔时，一定要注意刀尖沿反方向偏移 q 值后刀杆是否会与工件加工好的孔发生干涉。

（3）背镗孔循环指令 G87 常用于孔位同心度要求较高或工件不方便反面加工的境况。

（4）背镗孔循环指令 G87 不和 G99 结合使用，只有 G98 返回方式。

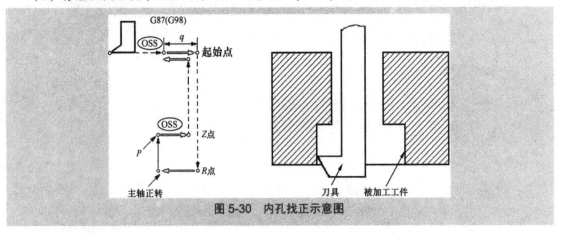

图 5-30　内孔找正示意图

二、主轴准停功能

数控机床为了完成 ATC（刀具自动交换）的动作过程，必须设置主轴准停机构。由于刀具装在主轴上，切削时切削转矩不可能仅靠锥孔的摩擦力来传递，因此在主轴前端设置一个突键，当刀具装入主轴时，刀柄上的键槽必须与突键对准，才能顺利换刀。为此，主轴必须准确停在某固定的角度上，主轴准停是实现 ATC 过程的重要环节。

现代数控机床采用电气方式定位较多，常见的方式有两种。

（1）用磁性传感器检测定位，在主轴上安装一个永磁体与主轴一起旋转，在距离永磁体旋转外轨迹 1~2mm 处固定一个磁传感器，它经过放大器并与主轴控制单元相连接，当主轴需要定向时，便可停止在调整好的位置上，如 5-31 图所示。

（2）主轴编码器检测定位，这种方法是通过主轴电动机内置安装的位置编码器或在机床主轴箱上安装一个与主轴 1∶1 同步旋转的位置编码器来实现准停控制，准停角度可任意设定，如 5-32 图所示。

主轴准停的控制的原理如 5-33 图所示。正是机床具有主轴定向功能，才使精镗循环指令 G76 和背镗孔循环 G87 能够正常使用。

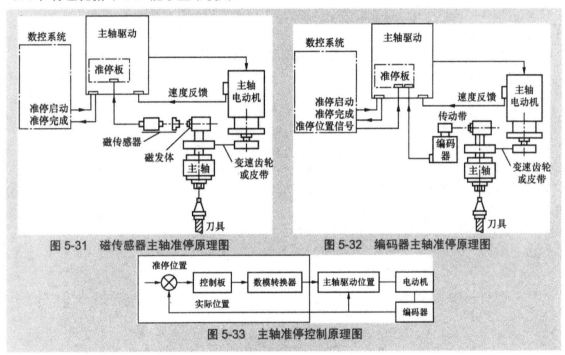

图 5-31　磁传感器主轴准停原理图　　　　图 5-32　编码器主轴准停原理图

图 5-33　主轴准停控制原理图

项目评价

一、练习题

1．孔的常用的加工方法有_____、_____、_____、_____和_____。

2．一个孔的加工循环一般有_____、_____、_____、_____、_____5 个基本动作构成。

3．在 G98 与 G99 方式下使用钻孔固定循环的走刀路线有何不同？各在什么情况下使用？

4．钻孔循环 G81 和 G83 有什么不同？各在什么情况下使用？

5．在数控编程中，如何确定初始平面和 R 平面？

6．在数控铣削中，怎样才能保证孔的尺寸精度、位置精度和表面粗糙度？

7．怎样使用百分表找正孔类工件？

8．丝锥刚性攻螺纹时怎样计算进给量的大小？如果在刚性攻螺纹时使用了 G95 指令，螺纹指令中的进给量怎样计算？为什么攻螺纹前的底孔直径必须大于螺纹小径的直径？

9．使用锪孔钻加工孔口倒角时怎样计算终点坐标？

10．极坐标指令适用于什么情况下的工件加工？使用极坐标指令需要注意哪些问题？

11．在极坐标指令中，怎样判断第一轴和第二轴？

12．思考 M20 以上的内螺纹怎样加工？外螺纹怎样加工？

二、技能训练

1．现有一毛坯为 100mm×80mm×15mm 的 45#钢板，试加工成如图 5-34 所示的工件。

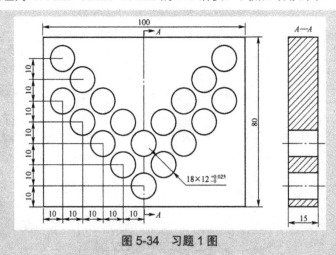

图 5-34　习题 1 图

2．现有一毛坯为 130mm×70mm×20mm 的 45#钢板，试铣削成如图 5-35 所示的工件。

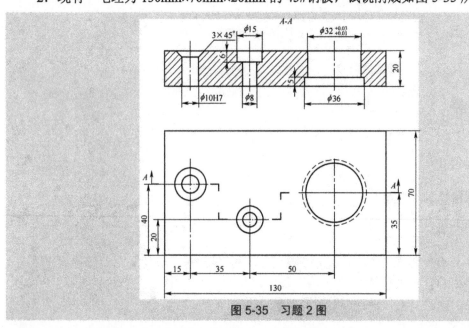

图 5-35　习题 2 图

3. 现有一毛坯为 $\phi 80mm \times 20mm$ 的 45#钢棒，试铣削成如图 5-36 所示的工件。

4. 现有一毛坯为 60mm×60mm×20mm 的 45#钢板，试铣削成如图 5-37 所示的工件。

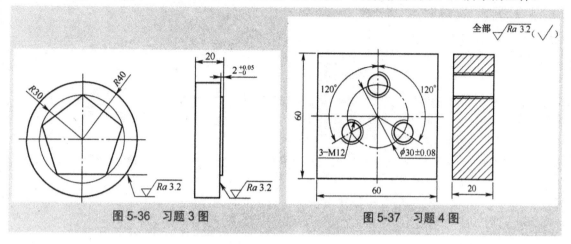

图 5-36　习题 3 图　　　　　　图 5-37　习题 4 图

三、项目评价评分表

1. 个人知识和技能评价

评 价 项 目	项目评价内容	分值	自我评价	小组评价	教师评价	得分
理论知识	指令格式及走刀路线	5				
	基础知识的融会贯通	5				
	零件图纸的分析	5				
	制定加工工艺	5				
	加工技术文件的编制	5				
实操技能	程序的输入	5				
	图形的模拟	10				
	刀具和毛坯的装夹及对刀	5				
	加工工件	5				
	尺寸与粗糙度等的检验	5				
	设备的维护	10				
安全文明生产	正确开关机床	5				
	工具和量具的使用及放置	5				
	机床的维护	5				
	卫生保持及机床的复位	5				
职业素质培养	出勤情况	5				
	车间纪律	5				
	团队协作精神	5				

2．小组学习活动评价表

班级：_____　　小组编号：_____　　成绩：_____

评价项目	评价内容及评价分值			学员自评	同学互评	教师评分
分工合作	优秀（12~15分）	良好（9~11分）	继续努力（9分以下）			
	小组成员分工明确，任务分配合理，有小组分工职责明细表	小组成员分工较明确，任务分配较合理，有小组分工职责明细表	小组成员分工不明确，任务分配不合理，无小组分工职责明细表			
获取与项目有关质量、市场、环保等内容的信息	优秀（12~15分）	良好（9~11分）	继续努力（9分以下）			
	能使用适当的搜索引擎从网络等多种渠道获取信息，并合理地选择信息、使用信息	能从网络获取信息，并较合理地选择信息、使用信息	能从网络或其他渠道获取信息，但信息选择不正确，信息使用不恰当			
实操技能操作情况	优秀（16~20分）	良好（12~15分）	继续努力（12分以下）			
	能按技能目标要求规范完成每项实操任务，能正确分析机床可能出现的报警信息，并对显示故障能迅速排除	能按技能目标要求规范完成每项实操任务，但仅能部分正确分析机床可能出现的报警信息，并对显示故障能迅速排除	能按技能目标要求完成每项实操任务，但规范性不够。不能正确分析机床可能出现的报警信息，不能迅速排除显示故障			
基本知识分析讨论	优秀（16~20分）	良好（12~15分）	继续努力（12分以下）			
	讨论热烈、各抒己见、概念准确、原理思路清晰、理解透彻，逻辑性强，并有自己的见解	讨论没有间断、各抒己见，分析有理有据，思路基本清晰	讨论能够展开，分析有间断，思路不清晰，理解不够透彻			
成果展示	优秀（24~30分）	良好（18~23分）	继续努力（18分以下）			
	能很好地理解项目的任务要求，成果展示逻辑性强，熟练利用信息技术平台进行成果展示	能较好地理解项目的任务要求，成果展示逻辑性较强，能较熟练利用信息技术平台进行成果展示	基本理解项目的任务要求，成果展示停留在书面和口头表达，不能熟练利用信息技术平台进行成果展示			
合计总分						

>>>> 项目小结 <<<<

❶ 钻孔固定循环指令的应用

(1) G73：可非常容易地排出深孔中的切屑，适合于高速深孔钻削加工。

(2) G74：用于左旋攻螺纹，此时进给速度倍率调节无效，压下进给保持按钮时，要等返回操作结束后铣床才会停止。

(3) G76：精镗时由于刀尖的反方向运动，刀尖不会划伤孔的表面。

(4) G80：取消加工循环动作。

(5) G81：用于普通钻孔。

(6) G82：用于扩孔、沉孔、阶梯孔的加工，刀具在孔底执行暂停。

(7) G83：用于排屑困难孔的深孔加工。

(8) G84：用于加工右旋螺纹。

(9) G85：用于粗镗或加工精度不高的孔的加工。

(10) G87：从下往上进行镗孔加工。常用于孔位同心度要求较高或工件不方便反面加工的境况，G87 不和 G99 结合使用，只有 G98 返回方式。

(11) G89：用于镗削阶梯孔。

❷ 阵列孔的加工

对于位置精度要求较高的孔系加工，加工顺序的安排应避免将反向间隙带入，影响位置精度。当加工很多相同的孔时，应仔细分析孔的分布规律，合理使用重复固定循环，尽量简化编程。如果各孔按等间距线性分布，可以重复固定循环加工，即用地址 K 规定重复次数。使用增量编程 G91 和 K 参数，一个程序段可以加工多个孔。但应注意此时的 Z、R 也为增量值，其中 Z 为钻削终点相对于 R 点的增量。R 为 R 点相对于初始平面的增量。

使用麻花钻加工通孔时，考虑到刀尖角的存在，进刀深度应有一定的超越量。

项目六

综合工件的加工

项目情境

在实际的铣削加工中，经常会遇到一些外形复杂的工件，有的工件需要正反两面都加工，如图 6-1 所示。还有一些要求较高的配合件，如图 6-2 所示。这类工件该如何加工？有什么加工和编程技巧呢？

(a) 正面三维图　　　　(b) 反面三维图

图 6-1　正反面加工工件

图 6-2　配合件

项目学习目标

	学 习 目 标	学 习 方 式	学 时
技能目标	掌握铣削复杂工件和配合件的加工方法	机床实践操作	40
知识目标	① 掌握反面装夹工件及加工方法； ② 掌握比例缩放指令 G50 和 G51 的使用； ③ 掌握镜像指令 G50.1 和 G51.1 的使用方法； ④ 了解倒角指令 C 和拐角指令 R 的使用； ⑤ 掌握配合件的加工方法	理论学习，仿真软件演示	8
情感目标	树立质量、安全、环保及现场管理的理念，培养善于观察、独立思考的能力，培养守时、守纪的习惯，养成自主学习、善于总结的习惯，具有高尚的生活情操与美的心灵	个体独立学习，探究学习	

项目任务分析

　　铣削加工复杂的工件有多种方法，这里通过给出两种有代表性的工件，介绍复杂工件的加工工艺和简化编程的方法。任务一是正反面工件的加工，对正反面位置精度有相应的要求；任务二是配合件的加工，对配合精度有一定的要求。本项目通过这两个任务，全面介绍了复杂工件的加工工艺和常用指令，如比例缩放指令 G50 和 G51、镜像指令 G50.1 和 G51.1、倒角指令 C 和拐角指令 R 等。

项目基本功

任务一　正反面工件的加工

基 本 技 能

　　现有一毛坯为 80mm×80mm×21mm 的 45#钢，5 个表面已经加工好，粗糙度 Ra 已达到 6.3μm。试铣削如图 6-3 所示的工件。

一、分析加工工艺

　　1. 零件图和毛坯的工艺分析

　　（1）工件正面有两个深 3mm 的凹槽，1#槽的槽宽为 12mm，槽长 30mm，2#槽的尺寸是 1#的 1.2 倍，如图 6-4 所示；工件反面有两个形状对称的深 3mm 的凹槽，如图 6-5

所示。

（2）该工件 5 个面已经加工完成，粗糙度 Ra 为 1.6μm 的加工面需要安排粗精加工。

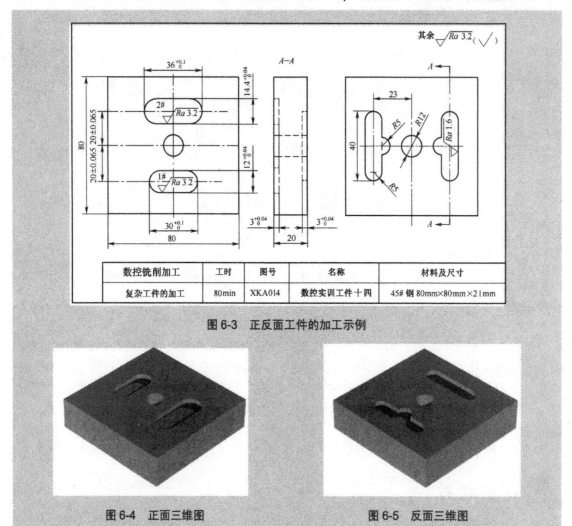

图6-3　正反面工件的加工示例

图6-4　正面三维图　　　　　　　　　　图6-5　反面三维图

2．确定装夹方式和加工方案

（1）装夹方式：正面加工时，采用机用平口钳装夹，底部采用等高垫块，中间让开通孔位置，以免干涉钻头。一次装夹后能完成正面所有的加工内容。反面加工时，仍采用机用平口钳装夹，认真找正，采用寻边器对刀，以保证对刀的精度。

（2）加工方案：本着先面后孔、先粗后精和先主后次的原则，正面加工时首先使用面铣刀 T02 铣削上底面，确保加工工件的厚度和上表面的粗糙度；再使用键槽铣刀 T03 铣削两个沟槽；然后使用中心钻 T04 定位，麻花钻 T05 钻孔，钻削工件中间的 $\phi 12$mm 的通孔；由于通孔粗糙度 Ra 为 1.6μm，因此最后安排使用铰刀 T06 铰削该通孔。

反面加工时，使用键槽铣刀 T03 粗、精铣两个对称槽。

3．选择刀具

正面铣削时：

（1）选择使用 ϕ100mm 的面铣刀 T02 粗精铣上底面；

（2）选择使用 ϕ8mm 的键槽铣刀 T03 铣削两个凹槽；

（3）选择使用 A4 中心钻 T04 定位；

（4）选择使用 ϕ11.7mm 的麻花钻 T05 钻削 ϕ12mm 的通孔；

（5）选择 ϕ12H7 的铰刀 T06 铰孔。

反面铣削时，选择使用 ϕ8mm 的键槽铣刀 T03 粗、精铣两个对称槽；

4. 确定加工顺序和走刀路线

（1）建立工件坐标系的原点：加工上、下底面时的工件零点均设在工件上底面几何对称中心上。

（2）确定起刀点：设在工件坐标系 G54 原点的上方 100mm。

（3）确定下刀点：端面铣刀铣削上底面的下刀点设在 a 点上方 100mm（X–95 Y0 Z100）处；铣削上底面的外轮廓和加工通孔的下刀点设在工件坐标系 G54 的零点 O 上方 100mm（X0 Y0 Z100）处。铣削下底面的腔槽的下刀点设在工件坐标系 G55 的零点 O 的上方 100mm（X0 Y0 Z100）处。

（4）确定走刀路线。正面加工路线如下。

① 粗铣上表面，留 0.2mm 的精加工余量；然后精铣上表面，保证零件厚度。走刀路线为 $a \to O \to b$，如图 6-6 所示。

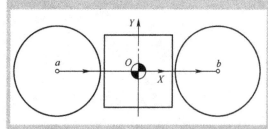

图 6-6　粗精铣上底面的走刀路线图

② 铣削上表面 1#沟槽，然后使用 G51 比例缩放功能分别加工 2#沟槽，走刀路线为 $c \to d \to e \to f \to g \to h \to i \to e \to j \to c$，如图 6-7 所示。

③ 中心钻定位、麻花钻钻孔和铰刀铰孔的走刀路线比较简单且相同，不再赘述。

反面加工路线如下：粗铣左边内轮廓槽，单边留 0.1mm 的精加工余量，然后精铣该轮廓槽。走刀路线为 $k \to l \to m \to n \to o \to p \to q \to r \to s \to m \to t \to k$，如图 6-8 所示，然后利用镜像功能粗精铣右边内轮廓槽。

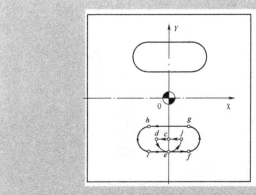 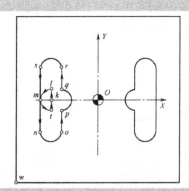

图 6-7　正面凹槽的走刀路线图　　图 6-8　反面内轮廓槽的走刀路线图

二、编写加工技术文件

1. 工序卡（见表 6-1）

表 6-1　数控实训工件十四的工序卡

材　料	45#钢	产品名称或代号		零件名称		零件图号	
		N014		正反面工件		XKA014	
工序号	程序编号	夹具名称		使用设备		车间	
0001	O0014	机用平口钳		VMC 850-E		数控车间	
0002	O0015						
工步号	工步内容	刀具号	刀具规格 ϕ（mm）	主轴转速 n（r/min）	进给量 f（mm/min）	背吃刀量 a_p（mm）	备注
1	粗铣上表面	T02	$\phi 100$ 的端面铣刀	250	60	0.8	
2	精铣上表面	T02	$\phi 100$ 的端面铣刀	300	80	0.2	
3	粗铣沟槽	T03	$\phi 8$ 的键槽铣刀	600	50	2.5	
4	精铣沟槽	T03	$\phi 8$ 的键槽铣刀	600	50	0.5	自动 O0014
5	中心钻定位	T04	A4 中心钻	1200	80		
6	麻花钻钻孔	T05	$\phi 11.7$ 的麻花钻	500	75		
7	铰刀铰孔	T06	$\phi 12H7$ 铰刀	150	50	0.15	
8	翻转工件，找正						手动
9	粗铣内轮廓槽	T03	$\phi 8$ 的键槽铣刀	800	40	2.5	自动 O0015
10	精铣内轮廓槽	T03	$\phi 8$ 的键槽铣刀	800	40	0.5	
14	去除毛刺						手动
编制		批准		日期		共 1 页	第 1 页

2. 刀具卡（见表 6-2）

表 6-2　数控实训工件十四的刀具卡

产品名称或代号	N014	零件名称	正反面工件	零件图号		XKA014	
刀具号	刀具名称	刀具规格 ϕ（mm）	加工表面	刀具半径补偿号 D	补偿值（mm）	刀具长度补偿号 H	补偿值（mm）	备注
T02	端面铣刀	100	铣上底面			H02		
T03	键槽铣刀	8	粗铣凹槽	D03	4.1　4	H03		刀长补偿值由操作者确定
T04	中心钻	A4	钻中心孔			H04		
T05	麻花钻	11.7	钻 $\phi 12$ 孔			H05		
T06	铰刀	12H7	铰 $\phi 12$ 孔			H06		
编制		批准		日期		共 1 页	第 1 页	

3. 编写参考程序（毛坯 80mm×80mm×21mm）

（1）计算节点坐标（见表 6-3）。

表 6-3　节点坐标

节　点	X 坐标值	Y 坐标值	节　点	X 坐标值	Y 坐标值
O	0	0	l	−23	5
a	−95	0	m	−28	0
b	95	0	n	−28	−15
c	0	0	o	−18	−15
d	−6	0	p	−18	−5
e	0	−6	q	−18	5
f	9	−6	r	−18	15
g	9	6	s	−28	15
h	−9	6	t	−23	−5
i	−9	−6	u	−30	−30
j	6	0	v	30	30
k	−23	0	w	−40	−40

（2）编制加工程序（见表 6-4 和表 6-5，子程序见表 6-5～表 6-8）。

表 6-4　数控实训工件十四的正面加工参考程序

程序段号	程序内容	说　明
	程序号：O0014	
N10	G15 G17 G21 G40 G49 G54 G69 G80 G90 G94 G98;	调用工件坐标系，设定工作环境
N20	T02 M06;	换端面铣刀（数控铣床中手工换刀）
N30	S250 M03;	开启主轴
N40	G43 G00 Z100 H02;	将刀具快速定位到安全高度
N50	X−95 Y0;	快速定位到下刀点（X−95 Y0 Z100）
N60	Z5;	快速定位到参考高度
N70	G01 Z−0.8 F60;	Z 向进刀
N80	X95;	铣削平面到 b 点
N90	G00 Z100;	快速抬起端面铣刀
N100	X0 Y0;	返回到起刀点
N110	M05;	主轴停止
N120	M00;	程序暂停
N130	T02 M06;	换端面铣刀（数控铣床中手工换刀）
N140	S300 M03;	开启主轴
N150	G43 G00 Z100 H02;	将刀具快速定位到安全高度
N160	X−95 Y0;	快速定位到下刀点（X−95 Y0 Z100）
N170	Z5;	快速定位到参考高度

续表 6-4

程序号：O0014		
程 序 段 号	程 序 内 容	说　明
N180	G01 Z-1 F80；	Z 向进刀（根据实际厚度修正 Z 值）
N190	X95；	铣削平面到 b 点
N200	G00 Z100；	快速抬起端面铣刀
N210	X0 Y0；	返回到起刀点
N220	M05；	主轴停止
N230	M00；	程序暂停
N240	T03 M06；	换键槽铣刀（数控铣床中手工换刀）
N250	S600 M03；	开启主轴
N260	G52 X0 Y-20；	设定局部坐标系
N270	M98 P0062；	铣削 1#沟槽
N280	G52 X0 Y20；	设定局部坐标系
N290	G51 X0 Y0 I1.2 J1.2 K1；	设定比例缩放
N300	M98 P0062；	铣削 2#沟槽
N310	G50；	取消比例缩放
N320	G52 X0 Y0；	取消局部坐标系
N330	G00 X0 Y0；	返回到 G54 原点
N340	M05；	主轴停止
N350	M00；	程序暂停
N360	T04 M06；	换中心钻（数控铣床中手动换刀）
N370	S1200 M03；	开启主轴
N380	G00 X0 Y0；	快速定位到下刀点 O
N390	G43 G00 Z100 H04；	快速定位到初始平面
N400	G98 G81 X0 Y0 Z-9 R5 F80；	钻削定位点 O 后返回到初始平面
N410	M05；	主轴停止
N420	M00；	程序暂停
N430	T05 M06；	换 ϕ11.7mm 的麻花钻（数控铣床中手动换刀）
N440	S500 M03；	开启主轴
N450	G00 X0 Y0；	快速定位到下刀点 O
N460	G43 G00 Z100 H05；	快速定位到初始平面
N470	G98 G83 X0 Y0 Z-25 R5 Q3 F75；	钻削 O 后返回到初始平面
N480	M05；	主轴停止
N490	M00；	程序暂停
N500	T06 M06；	换 ϕ12H7mm 的铰刀（数控铣床中手动换刀）
N510	S150 M03；	开启主轴
N520	G00 X0 Y0；	快速定位到下刀点 O
N530	G43 G00 Z100 H06；	快速定位到初始平面

续表 6-4

	程序号：O0014	
程 序 段 号	程 序 内 容	说 明
N540	G98 G85 X0 Y0 Z-22 R5 F50;	铰削定位点 O 后返回到初始平面
N550	M05;	主轴停止
N560	M30;	程序结束

表 6-5 数控实训工件十四的反面加工参考程序

	程序号：O0015	
程 序 段 号	程 序 内 容	说 明
N10	G15 G17 G21 G40 G49 G55 G69 G80 G90 G94 G98;	调用工件坐标系，设定工作环境
N20	T03 M06;	换键槽铣刀（数控铣床中手工换刀）
N30	S800 M03;	开启主轴
N40	G43 G00 Z100 H03;	将刀具快速定位到安全高度
N50	X0 Y0;	快速定位到下刀点（X0 Y0 Z100）
N60	Z5;	快速定位到参考高度
N70	G66 P0063 Z-2.5;	粗铣削左边内腔槽，铣削深度-2.5
N80	Z-3;	精铣削左边内腔槽，铣削深度-3
N90	G67;	取消宏程序调用
N100	G51.1 X0;	设定镜像
N110	G66 P0063 Z-2.5;	粗铣削右边内腔槽，铣削深度-2.5
N120	Z-3;	精铣削右边内腔槽，铣削深度-3
N130	G67;	取消宏程序调用
N140	G50.1 X0;	取消镜像
N150	G00 Z100;	返回到安全高度
N160	M05;	主轴停止
N170	M30;	程序结束，返回开始

表 6-6 数控实训工件十四的子程序（一）

	程序号：O0061	
程 序 段 号	程 序 内 容	说 明
N10	G41 G01 X-5 Y0 D03 F50;	铣削到 d 点，引入半径补偿
N20	G03 X0 Y-6 R6;	圆弧切入到 e 点
N30	G01 X9;	铣削到 f 点
N40	G03 Y6 R6;	铣削到 g 点
N50	G01 X-9;	铣削到 h 点
N60	G03 Y-6 R6;	铣削到 i 点

续表 6-6

程序号：O0061		
程 序 段 号	程 序 内 容	说　　明
N70	G01 X0；	铣削到 e 点
N80	G03 X6 Y0 R6；	圆弧切出到 j 点
N90	G40 G01 X0 Y0；	返回到 c 点，取消半径补偿
N100	M99；	程序结束，返回到主程序

表 6-7　数控实训工件十四的子程序（二）

程序号：O0062		
程 序 段 号	程 序 内 容	说　　明
N10	G43 G00 Z5 H03；	将刀具快速定位到参考高度
N20	X0 Y0；	快速定位到下刀点
N30	G01 Z-3.5 F50；	Z 向进刀
N40	M98 P0061；	粗铣削沟槽
N50	G01 Z-4 F50；	Z 向进刀
N60	M98 P0061；	精铣削沟槽
N70	G00 Z100；	返回到安全高度
N80	M99；	程序结束，返回到主程序

表 6-8　数控实训工件十四的子程序（三）

程序号：O0063		
程 序 段 号	程 序 内 容	说　　明
N10	G00 X-23 Y0；	快速定位到 k 点
N20	G01 Z#26 F40；	Z 向进刀
N30	G41 G01 Y5 D03；	铣削到 l 点，引入半径补偿
N40	G03 X-28 Y0 R5；	铣削到 m 点，圆弧切入
N50	G01 Y-15；	铣削到 n 点
N60	G03 X-18 R5；	铣削到 o 点
N70	G01 Y-5；	铣削到 p 点
N80	G03 Y5 R5；	铣削到 q 点
N90	G01 Y15；	铣削到 r 点
N100	G03 X-28 R5；	铣削到 s 点
N110	G01 Y0；	铣削到 m 点
N120	G03 X-23 Y-5 R5；	铣削到 t 点，圆弧切出
N130	G40 G01 Y0；	铣削到 k 点，取消半径补偿
N140	G00 Z5；	返回参考高度
N150	X0；	返回原点
N160	M99；	程序结束，返回到主程序

三、加工工件

加工操作同上一个工件，不再赘述。另一种方法是将工件原点设在工件下底面的几何中心上，这样翻过工件，根据正面的装夹基准装夹工件，无需建立新的工件坐标系。

基 本 知 识

一、比例缩放功能

1. 比例缩放

对于形状相似的工件，在编程时可以利用图形缩放指令来简化编程，如图 6-9 所示。

2. 比例缩放指令 G51 和 G50

指令格式 1：

G51 X__ Y__ Z__ P__；（缩放开始）

……；（缩放有效，加工程序段被缩放）

G50；（缩放取消）

指令格式 2：

G51 X__ Y__ Z__ I__ J__ K__；（缩放开始）

……；（缩放有效，加工程序段被缩放）

G50；（缩放取消）

说明如下。

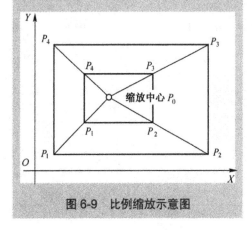

图 6-9 比例缩放示意图

（1）G51 指令指定缩放开启，由单独的程序段指定。使用缩放功能可使原编程尺寸按指定比例缩小或放大。使用时既可以指定平面缩放，也可以指定空间缩放。

（2）X、Y 和 Z 为缩放中心的坐标值，且只能以绝对值方式指定。如果不指定，则系统将把刀具当前所在的位置设为比例缩放中心。

（3）P 为缩放比例系数，为各轴缩放指定的比例系数，最小输入量为 0.001。在 G51 后，运动指令的坐标值以（X，Y，Z）为缩放中心，按 P 规定的缩放比例进行计算直至出现 G50。如果未指定 P，则参数（No.5411）设定的比例有效。

（4）I、J 和 K 为 X、Y 和 Z 各轴对应的缩放比例系数。在 G51 后使编程的形状以指定的位置为中心，各轴按指定的比例缩放，直至 G50 取消该缩放功能。如果未指定 I、J 和 K，则参数（No.5421）设定的比例有效。

（5）参数 P 或 I、J 和 K 的数值设定为 1，则不对相应的轴进行缩放；参数 P 或 I、J 和 K 的数值设定为-1，则对相应的轴进行镜像。

（6）G50 指令指定缩放关闭。在增量值编程中，如果在 G50 后紧跟移动指令，则刀具当前所在的位置即为该移动指令进给的起始点。

（7）比例缩放对刀具半径补偿、刀具长度补偿和刀具偏置值没有影响。当指定平面沿一个轴执行镜像时，圆弧指令的旋转方向反向，刀具半径补偿 C 的偏置方向反向，旋转坐标系的旋转角度方向反向。

3．缩放比例的计算

缩放比例系数是指缩放后图形上某一点到缩放中心的距离与缩放前该点到缩放中心距离的比值。根据缩放比例系数的含义不难确定缩放比例的计算方法，计算公式为 $I=a/b$；$J=c/d$，如图 6-10 所示。

4．缩放中心坐标的计算

若已知缩放比例系数（P 或 I、J 和 K）和某一点在缩放前后的尺寸值，缩放中心的坐标值便可计算出来，如图 6-11 所示。已知 P 和相关点 A 和 A' 之间 X 方向的距离为 δ，则 $I=a/b=(b-\delta)/b$，不难算得 $b=\delta/(1-I)$，缩放中心 $P0$ 的 X 坐标为 $L=X-b=X_A-\delta/(1-I)$。同理，可以算得缩放中心 $P0$ 的 Y 坐标。

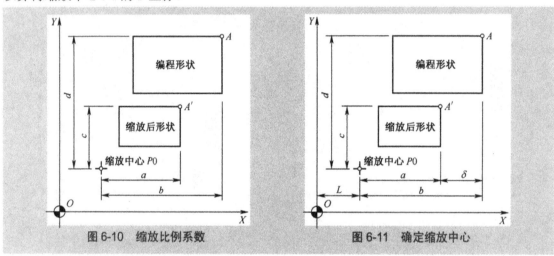

图 6-10　缩放比例系数　　　　　图 6-11　确定缩放中心

5．比例缩放的应用

比例缩放功能不仅可以用于等比例的图形缩放，也可以用于不等比例的图形缩放。当比例缩放系数 I、J 或 K 设定为 -1 时还可以进行镜像。在进行镜像时，半径补偿 G41 与 G42 互换；走刀路径带有圆弧时，G02 与 G03 互换。

二、可编程镜像指令 G51.1 和 G50.1

指令格式：G51.1 X__ Y__；（设置可编程镜像，（X，Y）为对称轴的位置）
　　　　　G50.1 X__ Y__；（取消可编程镜像）

图 6-12　镜像加工的工件

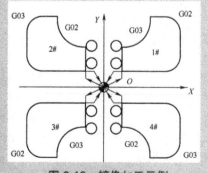

图 6-13　镜像加工示例

说明如下。

（1）格式中的 X 和 Y 用于指定对称轴或对称点。当 G51.1 指令后仅有一个坐标字时，该镜像是以某一轴线为镜像轴的；加工出的工件如图 6-12 所示。当 G51.1 指令后有两个坐标字时，表示该镜像是以某一点作为中心对称点进行镜像的。

（2）如果指定可编程镜像功能，同时又用 CNC 外部形状或 CNC 设置生成镜像时，则可编程镜像功能首先执行。

（3）CNC 的数据处理顺序是程序镜像到比例缩放到坐标系旋转，应按顺序指定指令，取消时相反。

（4）在指定平面内对某个轴镜像时，G02 与 G03 互换，G41 与 G42 互换，如图 6-13 所示。加工镜像工件的程序结构见表 6-9。

表 6-9　加工镜像工件的程序结构

指　令	说　明	指　令	说　明
M98 P0082；	加工 1#轮廓	M98 P0082；	加工 3#轮廓
G51.1 X0；	Y 轴镜像	G50.1 X0；	取消 Y 轴镜像
M98 P0082；	加工 2#轮廓	M98 P0082；	加工 4#轮廓
G51.1 Y0；	X 轴镜像	G50.1 Y0；	取消 X 轴镜像

任务二　配合件的加工

基本技能

配合件的凸模和凹模毛坯均为长方体钢块，所有加工面的尺寸精度和表面粗糙度均已达到要求，配合件如图 6-14 所示。试铣削如图 6-15 和图 6-16 所示的工件。

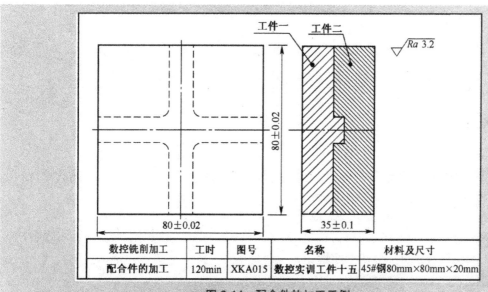

数控铣削加工	工时	图号	名称	材料及尺寸
配合件的加工	120min	XKA015	数控实训工件十五	45#钢80mm×80mm×20mm

图 6-14　配合件的加工示例

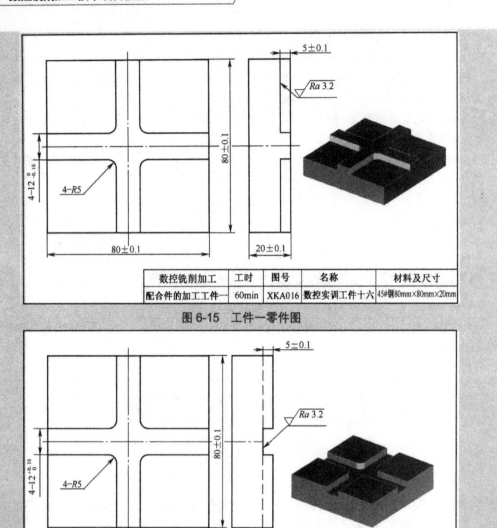

数控铣削加工	工时	图号	名称	材料及尺寸
配合件的加工工件一	60min	XKA016	数控实训工件十六	45#钢80mm×80mm×20mm

图 6-15　工件一零件图

数控铣削加工	工时	图号	名称	材料及尺寸
配合件的加工工件二	60min	XKA017	数控实训工件十七	45#钢80mm×80mm×20mm

图 6-16　工件二零件图

一、分析加工工艺

1. 零件图和毛坯的工艺分析

（1）工件一为凸模，为十字状，零件外形为正方形，凸模过渡圆角为 R5，高度为 5mm，高度公差为±0.1mm。工件二为凹件，外形同工件一，凸台部分变为凹槽。

（2）该配合件材料为钢。加工表面的表面粗糙度 Ra 为 3.2μm。根据配合精度，两工件的加工均要分为两道工序，首先安排对工件粗的加工，然后是对零件的精加工。粗、精加工在程序上通过刀具半径补偿值的修改来实现。

2. 确定装夹方式和加工方案

（1）装夹方式：两件毛坯均为成型料，各个面已达到各项要求，夹具均选用机用平口钳。

为保护已加工的表面，钳口需垫铜皮装夹工件。

（2）加工方案：在该配合件的加工中，采用左补偿的方式加工凸模工件一，采用右补偿的方式加工凹模工件二。在加工工件一时，首先使用 ϕ16mm 的立铣刀 T02 在 Z 轴上分两层、在 XY 平面上分三次粗铣 12mm 的十字台，模拟走刀路线如图 6-17 所示，然后使用 ϕ8mm 的立铣刀 T03 精铣 12mm 的十字台。为了简化编程，在粗加工中，通过调用不同的半径补偿值实现外轮廓平面的多次铣削加工，分层铣削通过子程序调用的方式实现。在加工工件二时，先使用 ϕ8mm 的立铣刀 T03 在 Z 轴上分两层粗铣 12mm 的十字槽，最后再精铣该十字槽。

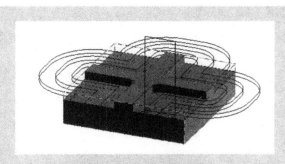

图 6-17 走刀路线模拟图

3．选择刀具

（1）选用 ϕ16mm 的立铣刀 T02 粗铣工件一。

（2）选用 ϕ8mm 的立铣刀 T03 精铣工件一和粗、精铣工件二。

4．确定加工顺序和走刀路线

（1）建立工件坐标系的原点：工件零点均设在工件上底面的对称几何中心上。

（2）确定起刀点：设在工件上底面的对称几何中心的上方 100mm 处。

（3）确定下刀点：下刀点位置均设在 a 上方 100mm（X60 Y0 Z100）处。

（4）确定走刀路线：粗铣 12mm 宽的十字台采用分层分次铣削，通过不同刀具半径补偿实现分次铣削，分次铣削的间距为 10mm；粗铣 12mm 宽的十字槽采用分层铣削的方式。它们的走刀路线均为 a→b→c→d→e→f→g→h→i→j→k→l→m→a，如图 6-18 和 6-19 所示。精铣是在粗铣走刀路线的基础上加上拐角。

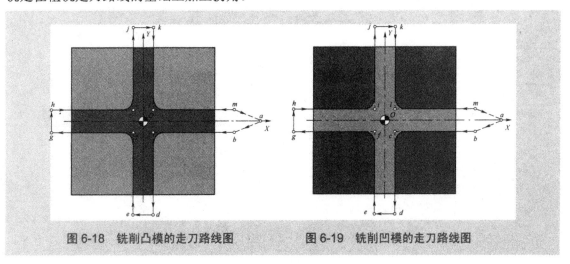

图 6-18 铣削凸模的走刀路线图　　图 6-19 铣削凹模的走刀路线图

二、编写加工技术文件

1. 工序卡（见表 6-10 和表 6-11）

表 6-10　数控实训工件十五中工件一的工序卡

材　料	45#钢	产品名称或代号		零 件 名 称		零 件 图 号	
		N015		配 合 件		XKA016	
工序号	程序编号	夹具名称		使用设备		车间	
0001	O0016	机用平口钳		VMC 850-E		数控车间	
工步号	工步内容	刀具号	刀具规格 ϕ（mm）	主轴转速 n（r/min）	进给量 f（mm/min）	背吃刀量 a_p（mm）	备注
1	粗铣 12mm 的十字台	T02	$\phi 16$ 的立铣刀	400	40	2.5	自动 O0016
2	精铣 12mm 的十字台	T03	$\phi 8$ 的立铣刀	900	40	2.5	
3	去除毛刺						手动
编制		批准		日期		共 1 页	第 1 页

表 6-11　数控实训工件十五中工件二的工序卡

材　料	45#钢	产品名称或代号		零 件 名 称		零 件 图 号	
		N015		配 合 件		XKA017	
工序号	程序编号	夹具名称		使用设备		车间	
0001	O0017	机用平口钳		VMC 850-E		数控车间	
工步号	工步内容	刀具号	刀具规格 ϕ（mm）	主轴转速 n（r/min）	进给量 f（mm/min）	背吃刀量 a_p（mm）	备注
1	粗铣 12mm 十字槽	T03	$\phi 8$ 的立铣刀	900	40	2.5	
2	精铣 12mm 十字槽	T03	$\phi 8$ 的立铣刀	900	40	5	
3	去除毛刺						手动
编制		批准		日期		共 1 页	第 1 页

2. 刀具卡（见表 6-12）

3. 编写参考程序（毛坯 80mm×80mm×20mm）

（1）计算节点坐标（见表 6-13）。

（2）编制加工程序（见表 6-14 和表 6-15，子程序见表 6-16～表 6-17）。

表 6-12　数控实训工件十五的刀具卡

产品名称或代号		N015	零件名称	配 合 件		零 件 图 号		XKA015
刀具号	刀具名称	刀具规格 ϕ（mm）	加工表面	刀具半径补偿号 D	补偿值（mm）	刀具长度补偿号 H	补偿值（mm）	备注
T02	立铣刀	16	粗铣十字台	D02	28	H02		刀长补偿值由操作者确定
			粗铣十字台	D03	18			
			粗铣十字台	D04	8.1			
T03	立铣刀	8	精铣十字台	D05	4	H03		
			粗铣十字槽	D06	−4.1			
			精铣十字槽	D07	−4			
编制		批准		日期		共 1 页	第 1 页	

表 6-13　节点坐标

节　　点	X 坐标值	Y 坐标值	节　　点	X 坐标值	Y 坐标值
O	0	0	g	−50	−6
a	60	0	h	−50	6
b	50	−6	i	−6	6
c	6	−6	j	−6	50
d	6	−50	k	6	50
e	−6	−50	l	6	6
f	−6	−6	m	50	6

表 6-14　数控实训工件十五中工件一的参考程序

程序号：O0016		
程序段号	程序内容	说　　明
N10	G15 G17 G21 G40 G49 G54 G69 G80 G90 G94 G98;	调用工件坐标系，设定工作环境
N20	T02 M06;	换 ϕ16mm 的立铣刀（数控铣床中手工换刀）
N30	S400 M03;	开启主轴
N40	G43 G00 Z100 H02;	将刀具快速定位到安全高度
N50	X60 Y0;	快速定位到下刀点 a（X60 Y0 Z100）
N60	Z5;	快速定位到参考高度
N70	G01 Z−2.5 F40;	Z 向进刀，分层铣削
N80	D02;	平面多次铣削方式，分 3 刀粗铣 12mm 的十字台到 Z−2.5，D02=28mm，D03=18mm，D04=8.1mm
N90	M98 P0064;	
N100	D03;	
N110	M98 P0064;	
N120	D04;	

续表 6-14

	程序号：O0016	
程序段号	程序内容	说　明
N130	M98 P0064;	
N140	G01 Z-5 F40;	Z 向进刀，分层铣削
N150	D02;	
N160	M98 P0064;	
N170	D03;	平面多次铣削方式，分 3 刀粗铣 12mm 的十字台到
N180	M98 P0064;	Z-5，D02=28mm，D03=18mm，D04=8.1mm
N190	D04;	
N200	M98 P0064;	
N210	G00 Z100;	返回到安全高度
N220	X0 Y0;	返回到工件零点
N230	M05;	主轴停止
N240	M00;	程序暂停
N250	T03 M06;	换 ϕ8mm 的立铣刀（数控铣床中手工换刀）
N260	S900 M03;	开启主轴
N270	G43 G00 Z100 H03;	将刀具快速定位到安全高度
N280	X60 Y0;	快速定位到下刀点 a（X60 Y0 Z100）
N290	Z5;	快速定位到参考高度
N300	G01 Z-5 F40;	Z 向进刀，分层铣削
N310	D05;	精铣 12mm 的十字台到 Z-5，D05=4mm
N320	M98 P0065;	
N330	G00 Z100;	返回到安全高度
N340	X0 Y0;	返回到工件零点
N350	M05;	主轴停止
N360	M30;	程序结束

表 6-15　数控实训工件十五中工件二的参考程序

	程序号：O0017	
程序段号	程序内容	说　明
N10	G15 G17 G21 G40 G49 G54 G69 G80 G90 G94 G98;	调用工件坐标系，设定工作环境
N310	T03 M06;	换 ϕ8mm 的立铣刀（数控铣床中手工换刀）
N320	S900 M03;	开启主轴
N330	G43 G00 Z100 H03;	将刀具快速定位到安全高度
N340	X60 Y0;	快速定位到下刀点 a（X60 Y0 Z100）
N350	Z5;	快速定位到参考高度

续表 6-15

	程序号：O0017	
程序段号	程序内容	说　明
N480	G01 Z-2.5 F40;	Z 向进刀，分层铣削
N490	D06;	粗铣 12mm 的十字槽到 Z-2.5，D06=-4.1mm
N500	M98 P0064;	
N510	G01 Z-5 F40;	Z 向进刀，分层铣削
N520	D06;	粗铣 12mm 的十字槽到 Z-5，D06=-4.1mm
N530	M98 P0064;	
N540	D07;	精铣 12mm 的十字槽到 Z-5，D07=-4mm
N550	M98 P0065;	
N560	G00 Z100;	返回到安全高度
N570	X0 Y0;	返回到工件零点
N580	M05;	主轴停止
N590	M30;	程序结束

表 6-16　数控实训工件十五的子程序（一）

	程序号：O0064	
程序段号	程序内容	说　明
N10	G41 G00 X50 Y-6;	定位到 b 点，引入半径补偿
N20	G01 X6 F40;	铣削到 c 点
N30	Y-50;	铣削到 d 点
N40	X-6;	铣削到 e 点
N50	Y-6;	铣削到 f 点
N60	X-50;	铣削到 g 点
N70	Y6;	铣削到 h 点
N80	X-6;	铣削到 i 点
N90	Y50;	铣削到 j 点
N100	X6;	铣削到 k 点
N110	Y6;	铣削到 l 点
N120	X50;	铣削到 m 点
N130	G40 G00 X60 Y0;	返回到起点 a，取消半径补偿
N140	M99;	子程序结束，返回主程序

表 6-17　数控实训工件十五的子程序（二）

	程序号：O0065	
程序段号	程序内容	说　明
N10	G41 G00 X50 Y-6;	定位到 b 点，引入半径补偿
N20	G01 X6, R5 F40;	铣削到 c 点

程序号：O0065		
程 序 段 号	程 序 内 容	说　明
N30	Y−50;	铣削到 *d* 点
N40	X−6;	铣削到 *e* 点
N50	Y−6, R5;	铣削到 *f* 点
N60	X−50;	铣削到 *g* 点
N70	Y6;	铣削到 *h* 点
N80	X−6, R5;	铣削到 *i* 点
N90	Y50;	铣削到 *j* 点
N100	X6;	铣削到 *k* 点
N110	Y6, R5;	铣削到 *l* 点
N120	X50;	铣削到 *m* 点
N130	G40 G00 X60 Y0;	返回到起点 *a*，取消半径补偿
N140	M99;	子程序结束，返回主程序

三、加工工件

加工操作同上一个工件，不再赘述。

基 本 知 识

一、倒角 C、拐角 R 指令的应用

在数控编程中，将倒角指令 C 和拐角指令 R 加在直线插补（G01）或圆弧插补（G02 或 G03）程序段的末尾，加工时数控系统会自动在拐角处加上倒角或过渡圆弧。特别是在任意角度的直线插补或者在圆弧插补中使用倒角指令 C 和拐角指令 R，可以大大简化数值运算。倒角指令 C 和拐角指令 R 可以插入到直线和直线插补程序段之间，可以插入到直线和圆弧插补程序段之间，可以插入到圆弧和直线插补程序段之间，也可以插入到圆弧与圆弧插补程序段之间。

指令格式 1：G17 G01 X__ Y__, C__;

　　　　　　G17 G01 X__ Y__, R__;

指令格式 2：G17 G02（G03）X__ Y__ R__, C__;

　　　　　　G17 G02（G03）X__ Y__ R__, R__;

说明如下。

（1）*X* 和 *Y* 为虚拟拐点的坐标。虚拟拐点是假定不执行的倒角，实际存在的拐角点如图 6-20 所示。

（2）倒角和拐角只能在（G17、G18 或 G19）指定的同一平面内执行。

（3）如果插入的倒角或圆弧过渡引起刀具超过原插补移动的范围，则会发出 P/S 报警

No.055。

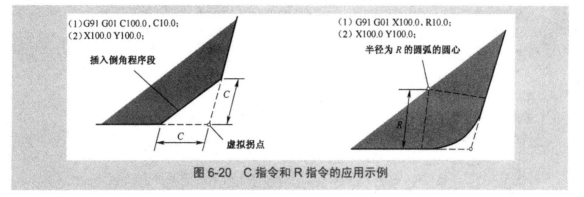

(1) G91 G01 C100.0, C10.0;
(2) X100.0 Y100.0;

插入倒角程序段

虚拟拐点

(1) G91 G01 X100.0, R10.0;
(2) X100.0 Y100.0;

半径为 R 的圆弧的圆心

图 6-20　C 指令和 R 指令的应用示例

（4）指定倒角或拐角圆弧过渡的程序段必须跟随一个用直线插补或圆弧插补指令的程序段，否则会出现 P/S 报警 No.052。

（5）在 DNC 模式（在线加工）下不能使用任意角度倒角和拐角圆弧过渡。

例题：如图 6-21 所示，试在铣削外轮廓时使用 C 指令和 R 指令编程。

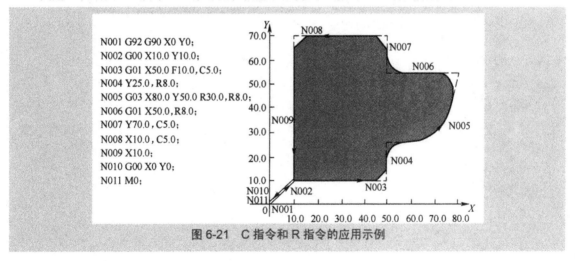

N001 G92 G90 X0 Y0;
N002 G00 X10.0 Y10.0;
N003 G01 X50.0 F10.0, C5.0;
N004 Y25.0, R8.0;
N005 G03 X80.0 Y50.0 R30.0, R8.0;
N006 G01 X50.0, R8.0;
N007 Y70.0, C5.0;
N008 X10.0, C5.0;
N009 X10.0;
N010 G00 X0 Y0;
N011 M0;

图 6-21　C 指令和 R 指令的应用示例

二、批量生产

在数控镗铣加工中，通过首件的加工确定了工件的装夹基准和相应的加工参数。在后续的批量生产中依照装夹基准装夹工件，按下"循环启动"按钮就可以批量生产了。生产时要定时抽样检查工件的尺寸精度和位置精度。根据公差的要求调整补偿值，使加工的工件控制在公差允许的范围内。

项目知识拓展

一、返回参考点控制指令 G28、G29 和 G30

1. 返回参考点指令 G28

指令格式：G28 X__ Y__ Z__;

说明如下。

（1）X、Y和Z为中间点的坐标，可以使用绝对值，也可以使用增量值表示。

（2）该指令使各轴以快速移动的速度经过中间点返回到参考点（第一参考点）。

（3）在执行该指令前需要清除刀具半径补偿和刀具长度补偿。

2. 返回第 2 参考点指令 G30

指令格式：G30 X__ Y__ Z__;

说明如下。

（1）X、Y和Z为中间点的坐标，可以使用绝对值，也可以使用增量值表示。

（2）该指令使各轴以快速移动的速度经过中间点返回到第二参考点。

（3）当刀具自动交换（ATC）位置与第一参考点不同时，可使用该指令。

3. 从参考点返回指令 G29

指令格式：G29 X__ Y__ Z__;

说明如下。

（1）X、Y和Z为目标点的坐标，可以使用绝对值，也可以使用增量值表示。在使用增量编程时该组坐标表示相对于中间点的增量。

（2）在一般情况下，在 G28 或者 G30 指令后，立即使用 G29 指令从参考点返回，各轴以快速移动的速度经过中间点返回到指定的目标点。

例题：编写一段程序经过某一中间点 B 返回参考点 R，并从参考点 R 经过某一中间点 B 返回目标点 C，如图6-22所示。

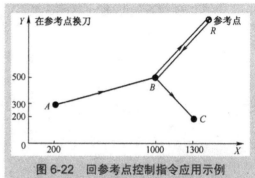

图 6-22　回参考点控制指令应用示例

G28 G90 X1000 Y500;（从 A 点经 B 点返回到参考点 R）

T11M06;（在参考点换刀）

G29 X1300 Y200;（从参考点 R 经 B 点返回到 C 点）

二、镗铣加工中心换刀程序的编写

在镗铣加工中心中执行刀具交换时，刀具并非在任何位置均可交换。各制造厂商根据不同的设计，均在一个安全位置实施刀具交换动作，以免与夹具或工件发生碰撞。由于 Z 轴的机床原点是距离工件最远的安全位置，故一般进行 Z 轴回零后才执行换刀动作。有些制造厂商在设计时，除了 Z 轴回零外，还必须返回第 2 参考点才允许换刀。新的机床在使用时一般不要求用户考虑换刀位置，只要执行选刀和换刀指令，机床自动回到系统指定的位置进行换刀。因此，加工中心中常见的换刀方式有以下三种。针对具体机床的换刀操作与编程以所配送的随机说明书为准。

1. 只需 Z 轴回机床原点换刀（盘式刀库无机械手式换刀）

G91 G28 Z0;——Z 轴返回机床原点。

M06 T02;——先卸下主轴上的刀具，放回其刀套内，刀库旋转，选择 2#刀具换装到主轴。

2．Z 轴先返回机床原点，且必须返回第二参考点换刀（机械手式换刀）

T02；——刀库旋转，选择 2#刀具转至换刀位作换刀准备。

G91 G28 Z0；——Z 轴返回机床原点。

G30 X0 Y0；——返回第二参考点。

M06 T03；——2#刀具换装到主轴上，刀库旋转，选择 3#刀具转至换刀位作换刀准备。此种方式换刀效率高，不占用加工时间。

3．系统自动返回换刀点完成换刀（机械手式换刀）

T02 M06；——当 CNC 执行到该指令，主轴头自动返回到机床原点并主轴定向；刀库旋转，选择 2#刀具，通过机械手换装到主轴上。

一、思考题

1．批量生产中装夹工件需要注意什么问题？

2．使用宏指令编程有哪些优势？

3．正反面加工应注意什么问题？

4．批量生产中装夹工件需要注意什么问题？

二、技能训练

1．使用缩放功能加工如图 6-23 所示的工件。

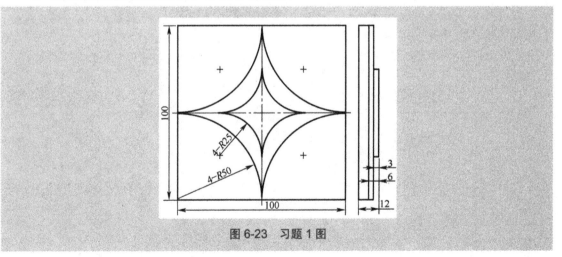

图 6-23　习题 1 图

2．毛坯为已经加工好的 150mm×120mm×35mm 的 45#钢，试加工如图 6-24 所示的工件。

3．毛坯为已经加工好的 80mm×80mm×20mm 的 45#钢，试使用比例缩放指令 G51 的镜像功能加工如图 6-25 所示的工件。

4. 毛坯为已经加工好的 80mm×80mm×20mm 的 45#钢，试使用比例缩放指令 G51 的镜像功能加工或坐标旋转指令 G68 加工如图 6-26 所示的工件。

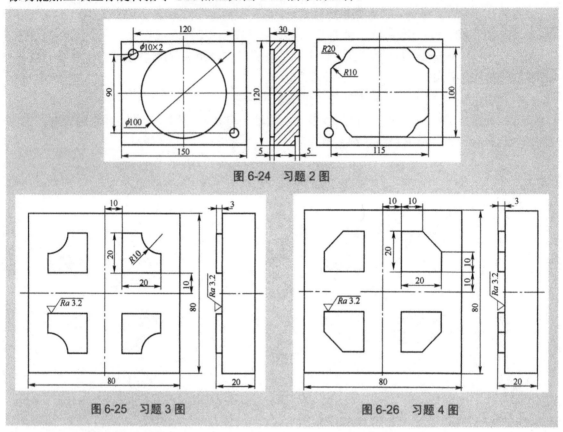

图 6-24 习题 2 图

图 6-25 习题 3 图   图 6-26 习题 4 图

5. 毛坯为 80mm×80mm×20mm 的 45#钢，5 个表面已经加工好，粗糙度 Ra 已达到 6.3μm。试铣削如图 6-27 所示的工件。

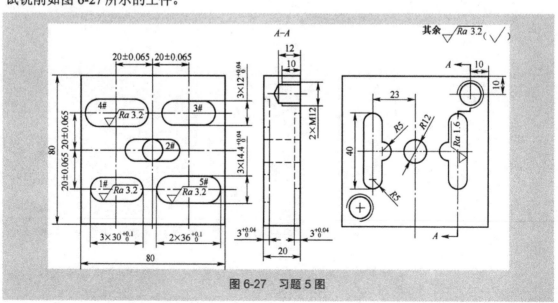

图 6-27 习题 5 图

6. 毛坯为已经加工好的 150mm×120mm×25mm 和 150mm×120mm×20mm 的 45#钢长方块，试铣削成如图 6-28 所示的工件。

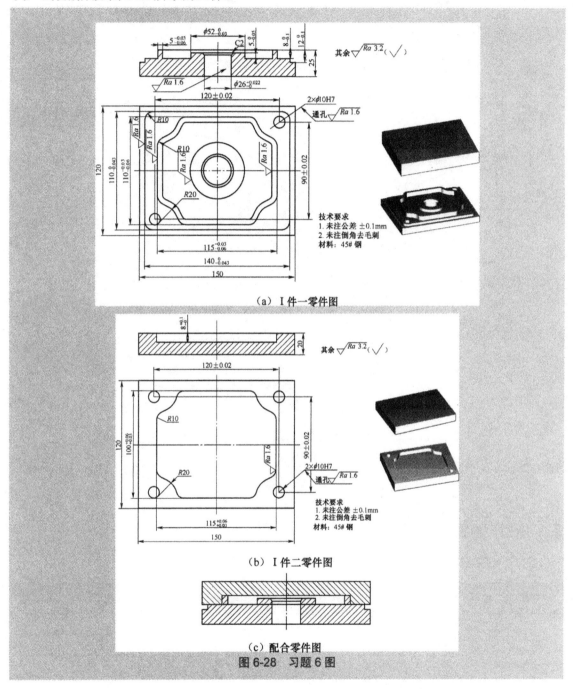

（a）Ⅰ件一零件图

（b）Ⅰ件二零件图

（c）配合零件图

图 6-28　习题 6 图

7. 毛坯为已经加工好的 90mm×90mm×25mm 的 45#钢长方块，试铣削成如图 6-29 所示的工件。

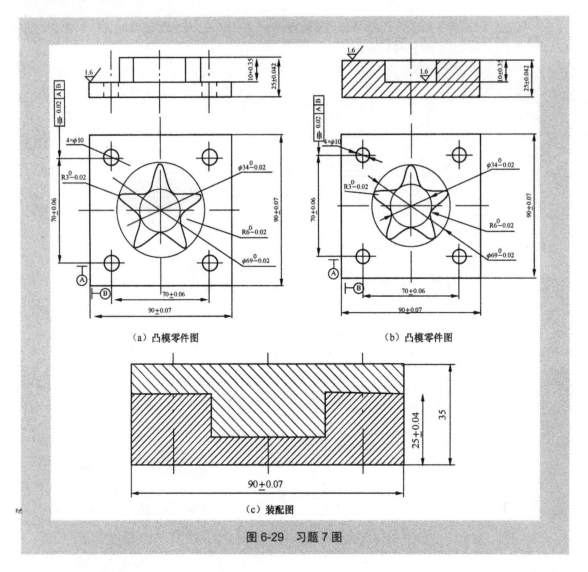

（a）凸模零件图   （b）凸模零件图

（c）装配图

图 6-29　习题 7 图

三、项目评价评分表

1．个人知识和技能评价

评价项目	项目评价内容	分值	自我评价	小组互评	教师评价	得分
理论知识	指令格式及走刀路线	5				
	基础知识的融会贯通	5				
	零件图纸的分析	5				
	制定加工工艺	5				
	加工技术文件的编制	5				
实操技能	程序的输入	5				
	图形的模拟	10				
	刀具和毛坯的装夹及对刀	5				

续表

评 价 项 目	项目评价内容	分值	自我评价	小组互评	教师评价	得分
实操技能	加工工件	5				
	尺寸与粗糙度等的检验	5				
	设备的维护	10				
安全文明生产	正确开关机床	5				
	刀具和量具的使用及放置	5				
	机床的维护	5				
	卫生保持及机床的复位	5				
职业素质培养	出勤情况	5				
	车间纪律	5				
	团队协作精神	5				

2. 小组学习活动评价表

班级：_____ 小组编号：_____ 成绩：_____

评价项目	评价内容及评价分值			学员自评	同学互评	教师评分
分工合作	优秀（12~15分）	良好（9~11分）	继续努力（9分以下）			
	小组成员分工明确，任务分配合理，有小组分工职责明细表	小组成员分工较明确，任务分配较合理，有小组分工职责明细表	小组成员分工不明确，任务分配不合理，无小组分工职责明细表			
获取与项目有关质量、市场、环保等内容的信息	优秀（12~15分）	良好（9~11分）	继续努力（9分以下）			
	能使用适当的搜索引擎从网络等多种渠道获取信息，并合理地选择信息、使用信息	能从网络获取信息，并较合理地选择信息、使用信息	能从网络或其他渠道获取信息，但信息选择不正确，信息使用不恰当			
实操技能操作情况	优秀（16~20分）	良好（12~15分）	继续努力（12分以下）			
	能按技能目标要求规范完成每项实操任务，能正确分析机床可能出现的报警信息，并对显示故障能迅速排除	能按技能目标要求规范完成每项实操任务，但仅能部分正确分析机床可能出现的报警信息，并对显示故障能迅速排除	能按技能目标要求完成每项实操任务，但规范性不够。不能正确分析机床可能出现的报警信息，不能迅速排除显示故障			
基本知识分析讨论	优秀（16~20分）	良好（12~15分）	继续努力（12分以下）			
	讨论热烈、各抒己见，概念准确、原理思路清晰、理解透彻，逻辑性强，并有自己的见解	讨论没有间断、各抒己见，分析有理有据，思路基本清晰	讨论能够展开，分析有间断，思路不清晰，理解不够透彻			

续表

评价项目	评价内容及评价分值			学员 自评	同学 互评	教师 评分
成果展示	优秀（24~30分）	良好（18~23分）	继续努力（18分以下）			
	能很好地理解项目的任务要求，成果展示逻辑性强，熟练利用信息技术平台进行成果展示	能较好地理解项目的任务要求，成果展示逻辑性较强，能较熟练利用信息技术平台进行成果展示	基本理解项目的任务要求，成果展示停留在书面和口头表达，不能熟练利用信息技术平台进行成果展示			
合计总分						

>>>> 项 目 小 结 <<<<

❶ 比例缩放指令 G51 和 G50

比例缩放指令 G51 用于形状相似的工件的加工，使用缩放功能可使原编程尺寸按指定比例缩小或放大。指令中 X、Y 和 Z 只能以绝对值方式指定，如果不指定，则系统将把刀具当前所在的位置设为比例缩放中心。在 G51 后使编程的形状以指定的位置为中心，各轴按指定的比例缩放，直至 G50 取消该缩放功能。

❷ 可编程镜像指令 G51.1 和 G50.1

可编程镜像指令 G51.1 指令后仅有一个坐标字时，该镜像是以某一轴线为镜像轴，可编程镜像指令后有两个坐标字时，表示该镜像是以某一点作为中心对称点进行镜像。CNC 的数据处理顺序是程序镜像到比例缩放到坐标系旋转，应按顺序指定指令，取消时相反。在指定平面内对某个轴镜像时，G02 与 G03 互换，G41 与 G42 互换。

❸ 倒角指令 C 和拐角指令 R

在任意角度的直线插补或者在圆弧插补中使用倒角指令 C 和拐角指令 R，可以大大简化数值运算。倒角指令 C 和拐角指令 R，可以插入到直线和直线插补程序段之间，可以插入到直线和圆弧插补程序段之间，可以插入到圆弧和直线插补程序段之间，也可以插入到圆弧与圆弧插补程序段之间。

FANUC 0i Mate-MD 系统

常用 G 指令表

G 代码	组	功　能	G 代码	组	功　能
*G00	01	快速定位	*G54	14	选择工件坐标系 1
*G01		直线插补	G55		选择工件坐标系 2
G02		顺时针圆弧插补/螺旋线插补	G56		选择工件坐标系 3
G03		逆时针圆弧插补/螺旋线插补	G57		选择工件坐标系 4
G04	00	停刀，准确停止	G58		选择工件坐标系 5
G09		准确停止	G59		选择工件坐标系 6
*G15	17	极坐标指令取消	G63	15	攻丝方式
G16		极坐标指令	*G64		切削方式
*G17	02	选择 $XpYp$ 平面	G65	00	宏程序调用
*G18		选择 $ZpXp$ 平面	G66	12	宏程序模态调用
*G19		选择 $YpZp$ 平面	*G67		宏程序模态调用取消
G20	06	英寸输入	G68	16	坐标旋转
*G21		毫米输入	*G69		坐标旋转取消
G27	00	返回到参考点检测	G73	09	高速排屑钻孔循环
G28		返回参考点	G74		左旋攻丝循环
G29		从参考点返回	G76		精镗循环
G30		返回到第 2，3，4 参考点	*G80		固定循环取消
*G40	07	刀具半径补偿取消	G81		点钻循环、钻孔循环
G41		刀具半径左补偿	G82		钻孔循环或锪镗循环
G42		刀具半径右补偿	G83		小孔排屑钻孔循环
G43	08	正向刀具长度补偿	G84		右旋攻丝循环
G44		负向刀具长度补偿	G85		镗孔循环
G45	00	刀具偏置值增加	G86		镗孔循环
G46		刀具偏置值减少	G87		背镗孔循环
G47		2 倍刀具偏置值	G88		镗孔循环
G48		1/2 倍刀具偏置值	G89		镗孔循环
*G49	08	刀具长度补偿取消	*G90	03	绝对值编程

G 代码	组	功　能	G 代码	组	功　能
*G50	11	比例缩放取消	*G91		增量值编程
G51		比例缩放有效	G92	00	设定工件坐标系或最大主轴转速钳制
*G50.1	22	可编程镜像取消	*G94	05	每分进给
G51.1		可编程镜像有效	G95		每转进给
G52	00	局部坐标系设定	*G98	10	固定循环返回到初始点
G53		选择机床坐标系	G99		固定循环返回到 R 点

说明：如果设定参数 No.3402 的第六位 CLR，则开机模态有效的 G 代码在表中用*表示。

辅助功能 M 代码

代　码	功　能	附　注	代　码	功　能	附　注
M00	程序停止	非模态	M29	刚性攻丝	模态
M01	选择停止	非模态	M30	程序结束并返回	非模态
M02	程序结束	非模态	M52	自动门打开	模态
M03	主轴正转	模态	M53	自动门关闭	模态
M04	主轴反转	模态	M74	错误检测功能打开	模态
M05	主轴停止	模态	M75	错误检测功能关闭	模态
M06	更换刀具	非模态	M98	子程序调用	模态
M08	切削液开	模态	M99	子程序调用返回	模态
M09	切削液关	模态			

铣削加工中心的手动操作

操作一　机床的上电、下电和急停

一、机床的上电

（1）检查机床初始状态是否正常，例如，控制柜的门是否关好。

（2）检查电源电压是否符合要求，接线是否正确。

（3）机床上电。

（4）数控装置上电。

（5）检查风扇电机运转是否正常。

（6）检查面板上的指示灯是否正常。

接通数控装置电源后，机床自动运行系统软件，进入可操作状态。

二、系统的复位

系统上电后处于"急停"状态时，为使系统正常运行，顺时针旋转"急停"按钮使系统复位，接通伺服电源。

三、返回机床参考点的操作

控制机床运动的前提是建立机床坐标系。为此，在系统上电并复位后，应首先进行机床回参考点操作。步骤如下。

（1）将功能旋钮置于"回参考点"方式，或选中控制面板上面的"回零"按键，使系统处于"回参考点"方式。（参考点设在机床零点时称为回零）

（2）选择"Z"方向键，按下轴移动"+"按键，使机床 Z 轴回参考点。Z 轴回到参考点后，Z 轴回零指示灯点亮，位置坐标显示的 Z 值为 0。

（3）用同样的方法选择"Y"方向键，按下轴移动"+"按键，使机床沿 Y 轴回参考点。

（4）用同样的方法选择"X"方向键，按下轴移动"+"按键，使机床沿 X 轴回参考点。

在所有轴回参考点后，返回参考点操作完成，系统建立了机床坐标系。

说明如下。

（1）返回参考点时应确保安全。为使机床回零时不会发生碰撞，一般应首先选择 Z 轴回参考点，将刀具抬起后，然后再选择 X 或 Y 轴回参考点。

（2）机床每次上电后，必须首先完成各轴的回参考点操作，然后再进入其他的运行方式，以确保各轴坐标的正确性。

（3）如果在相应的参数中进行设置，刀具也可以沿着3个轴同时返回参考点。

（4）返回参考点前，应确保回零轴位于参考点的"回参考点方向"相反侧（如 X 轴的回参考点方向为正，则回参考点前，应保证 X 轴当前位置在参考点的负方向侧），否则应手动移动该轴直到满足此条件。

（5）在返回参考点过程中，若出现超程，请按住控制面板上的"超程解除"按键，向相反方向手动移动该轴使其退出超程状态。

（6）系统各轴返回参考点后，在运行过程中只要伺服驱动装置不报警，其他的报警都不需要重新回零（不包括按下"急停"按钮）。

四、急停操作

机床在运行过程中碰到危险或紧急情况时，按下"急停"按钮，CNC 即进入急停状态，伺服进给及主轴运转立即停止工作（控制柜内的进给驱动电源被切断）。释放"急停"按钮（顺时针旋转此按钮，按钮自动跳起），CNC 进入复位状态。但在解除紧急停止前，应首先确认故障原因已经排除，且紧急停止解除后应重新执行回参考点操作，以确保位置坐标的正确性。

一般地，在上电和关机之前，应按下"急停"按钮以减少设备电冲击。

五、超程解除

在伺服轴行程的两端各有一个极限行程开关，作用是防止伺服机构超程碰撞机床而损坏。每当伺服机构碰到极限行程开关时，就会出现超程报警。当某轴出现超程（"超程解除"按键内指示灯亮）时，系统视其状况为紧急停止。退出超程状态的方法如下。

（1）松开"急停"按钮，置工作方式为"手动"或"手摇"方式；

（2）一直按压着"超程解除"按键（控制器会暂时忽略超程的紧急情况）；

（3）在手动（或手摇）方式下，使该轴向相反方向退出超程状态；

（4）松开"超程解除"按键，显示屏上运行状态栏"运行正常"取代了"出错"，表示恢复正常，可以继续操作。

注意：在操作机床退出超程状态时，请务必注意移动方向及移动速率，以免发生碰撞。

六、机床的下电

关机前，应使机床工作台处于 X 和 Y 轴中位，主轴箱处于 Z 轴中位，以避免机床变形。

（1）按下控制面板上的"急停"按钮，断开伺服电源。

（2）断开数控系统电源。

（3）断开机床电源。

操作二　JOG 功能的使用

一、坐标轴的移动操作

1．快速移动操作

（1）将功能选择旋钮置于"JOG"模式。

（2）选择进给倍率按钮。

（3）选择进给方向。

（4）同时按下"快速进给"按键和轴移动方向键。

注意：在操作过程中应随时注意工作台或主轴头在移动过程中不要超程或与机床或工件相碰。

说明如下。

（1）快速移动主要用于工作台或主轴头的长距离移动。

（2）从 F0、25%、50% 到 100%，速度依次变快，由系统参数 1424# 设置。

2．移动操作

（1）将功能选择旋钮置于"JOG"模式。

（2）选择进给倍率旋钮。

（3）选择进给方向。

（4）按下轴移动方向键。

注意：在操作过程中应随时注意工作台在移动过程中不要超程，刀架与工件或夹具相碰。

说明如下。

（1）进给移动主要用于工作台或主轴头的短距离移动。

（2）JOG 进给速度由系统参数 1423# 中设置，可以通过进给倍率旋钮进行调整，进给倍率旋钮的调整范围为 0～150%。

二、主轴的旋转控制

主轴的旋转控制步骤如下。

（1）将功能选择旋钮置于"JOG"或"手轮"模式。

（2）按主轴"正转"按键，主轴正转。

（3）按主轴"升速"按键，主轴升速；按主轴"降速"按键，主轴降速。

（4）按主轴"停止"按键，主轴停转。

（5）按主轴"反转"按键，主轴反转。

（6）按主轴"升速"按键，主轴升速；按主轴"降速"按键，主轴降速。

（7）按主轴"停止"按键，主轴停转。

说明：主轴正转及反转的速度可通过主轴修调旋钮调节。

三、冷却控制

（1）将功能选择旋钮置于"JOG"模式。

（2）按"冷却开/关"按键，冷却液开启。

（3）再按"冷却开/关"按键，冷却液关闭。

四、润滑控制

（1）将功能选择旋钮置于"JOG"模式。

（2）按"润滑"按键，机床润滑开启。

（3）再按"润滑"按键，机床润滑关闭。

操作三　手轮功能的使用

手轮进给

（1）将功能旋钮置于"手轮"模式。

（2）选择进给方向，将手持单元的坐标轴波段开关置于相应的方向挡位，如 X 挡。

（3）选择进给倍率，将手持单元的手轮倍率置于相应的挡位。

位　　置	×1	×10	×100
增量值（mm）	0.001	0.01	0.1

（4）手动顺时针/逆时针旋转手摇脉冲发生器，每旋转一格，X 轴将向正向或负向移动一个挡量。

说明如下。

（1）手摇进给方式每次只能沿着 1 个坐标轴增量进给。

（2）摇动手轮的速度不要超过 5r/s，否则刀具或工作台可能在手轮停止后还不能停止下来，或刀具或工作台移动的距离与手轮旋转的刻度不符。

操作四　DNC 功能的使用

DNC 加工

（1）将功能选择旋钮置于"DNC"模式。

（2）按 PROG 按键，按 READ 软键，从外部读入要加工的程序。

（3）按绿色的"循环启动"键，开始进行在线加工，边加工边传输。

操作五　MDI 功能的使用

一、换刀操作

（1）将功能选择旋钮置于"MDI"模式。

（2）按 PROG 按键。

（3）输入"T02 M06"。

（4）按绿色的"循环启动"键，铣削加工中心自动从刀库中选择2#刀具安装到主轴上。

二、主轴控制

（1）将功能选择旋钮置于"MDI"模式。

（2）按PROG按键。

（3）输入"S500 M03"。

（4）按绿色的"循环启动"键，主轴开启正转，转速500r/min左右。

三、冷却控制

（1）将功能选择旋钮置于"MDI"模式。

（2）按PROG按键。

（3）输入"M08"。

（4）按绿色的"循环启动"键，机床开启冷却。

说明如下。

（1）在MDI方式通过MDI面板可以编制最多10行的程序并执行。

（2）MDI方式适用于简单的机床测试操作。

（3）MDI方式是通过M99（而非M30）控制自动回到程序的开头。

（4）若参数MER（No.3203的第六位）设为1，在单段操作执行完程序的最后一个程序段后被自动删除。若参数MCL（No.3203的第七位）设为1，执行复位操作即可删除程序。

操作六　编辑功能的使用

一、程序名的登记

例如，登记O2009号程序。

（1）将功能选择旋钮置于"编辑"模式。

（2）按程序键PROG。

（3）输入要登记的程序号"O2009"。

（4）按程序插入键INSERT。

（5）按结束符键EOB。

（6）按程序插入键INSERT。

说明：程序号不允许重复使用，否则，将产生73#报警；程序号的范围为O0000～O9999。

二、程序的输入

例如，输入程序：G00 X50 Y100;

　　　　　　　　　 Z100;

（1）依次输入"G00 X50 Y100"，按下键EOB。

（2）按插入键INSERT。

（3）再依次输入"Z100"，按下键 EOB。

（4）按插入键 INSERT。

说明：在按插入键 INSERT 之前，程序存在于存储器缓冲区，若此时发现输入错误，可以按清除键 CAN 清除，再输入正确的字。

三、程序字的插入、修改和删除

例如，在程序的 G00 后插入"G41"；将"X50"修改为"X80"；将"Y100"删除。编辑后的程序为：G00 G41 X80；

（1）将功能选择旋钮置于"编辑"模式。

（2）将光标移到 G00 处，输入"G41"。

（3）按插入键 INSERT。

（4）将光标移到要修改的 X50 处，输入"X80"。

（5）按修改键 ALTER。

（6）将光标移到要删除的"Y100"处。

（7）按删除键 DELETE。

说明：如果不能进行编辑，可能是光标所处的位置不对。

四、程序段的检索和删除

1. 程序段的检索

（1）将功能选择旋钮置于"编辑"模式。

（2）按程序键 PROG。

（3）输入地址"N"。

（4）输入要检测的顺序号，例如"80"。

（5）按 N SRH 软键。

说明：完成检索操作时，检索的顺序号"N0080"显示在 CRT 屏幕的右上角。如果在当前选择的程序中没有找到指定的顺序号，则产生 P/S.060 报警。

2. 删除一个程序段

（1）检索或扫描要删除的程序段的地址 N。

（2）按 EOB 键。

（3）按 DELETE 键。

3. 删除多个连续的程序段

（1）检索或扫描要删除部分的第一个程序段的第一个字。

（2）输入地址 N。

（3）输入要删除部分最后一个程序段的顺序号。

（4）按 DELETE 键。

注意：当删除的程序段太多时，会产生 P/S 报警（070 号）。如果发生这种情况，可减少些要删除的程序段数。

五、程序的调出和删除

1．程序的调出

（1）将功能选择旋钮置于"编辑"或"自动"模式。

（2）按程序键 PROG。

（3）按 DIR 软键或者再按一次程序键 PROG。

（4）输入要调出的程序号"O2009"。

（5）按 O SRH 软键或者按光标下键。

则"O2009"号程序被调出。如果没有找到该程序，就会出现 P/S No.71 报警。

2．程序的删除

例 1：将单个程序 O2009 删除

（1）将功能选择旋钮置于"编辑"模式。

（2）按程序键 PROG。

（3）按 DIR 软键或者再按一次程序键 PROG。

（4）输入"O2009"。

（5）按删除键 DELETE，则"O2009"号程序被删除。

例 2：将存储器内指定范围的多个连续程序删除

（1）将功能选择旋钮置于"编辑"模式。

（2）按程序键 PROG。

（3）按 DIR 软键或者再按一次程序键 PROG。

（4）输入"Oxxxx，Oyyyy"。

（5）按删除键 DELETE，删除存储器内指定范围的程序。

例 3：将存储器内所有的程序删除

（1）将功能选择旋钮置于"编辑"模式。

（2）按程序键 PROG。

（3）按 DIR 软键或者再按一次程序键 PROG。

（4）键入地址"O"，键入"-9999"。

（5）按删除键 DELETE，删除存储器内所有的程序。

操作七　自动功能的使用

一、程序试运行的几种状态

1．锁住状态

（1）按锁住键，机床 X、Y 和 Z 轴被锁住。

（2）再按锁住键，状态解除。

说明如下。

（1）通常用于程序语句的校验。

（2）机床锁住运行后切记用坐标设置指令或者执行手动返回参考点来指定工件坐标系。

（3）在机床锁住状态下运行时，X、Y 和 Z 轴被锁住，不能移动，但位置坐标值正常显示，M、S、T 等辅助功能正常运行，但被禁止输出并且不能执行。

2. 空运行状态

（1）按空运行键，进入空运行状态。

（2）再按空运行键，空运行状态解除。

注意：禁止在空运行状态下加工零件。

说明如下：

（1）在自动运行期间，空运行的机床刀具按照参数中指定的速度移动，通常用于机床不装夹工件时快速检验刀具的加工轨迹。

（2）在不切削的条件下，在空运行状态下执行程序，X、Y 和 Z 轴的进给移动速度被系统强制在空运行速度上，空运行的速度由 No.1410# 参数设定。

3. 单程序段状态

（1）按单程序段键，进入单程序段运行状态。每按下一次"循环启动"按钮，系统执行完一个程序段后停止。

（2）再按单程序段键，按单程序段状态解除。

注意：首件加工时一定要在单段状态下进行，以便观察程序与实际加工刀具的位置，控制节奏，仔细检查程序，以免发生碰撞事故。

说明：在单段状态下执行加工程序时，按一次"循环启动"按钮仅执行一段程序；再按"循环启动"按钮，执行下一段程序。

4. 跳步状态

（1）按跳步键，进入跳步状态。

（2）再按跳步键，跳步状态解除。

说明如下。

（1）在跳步状态下执行加工程序时，在程序段前加跳步符号"/"的，均跳过不予执行；关闭跳步状态，程序段前的跳步符号"/"无效，程序正常执行。例如：

```
N10 T01 M06;
/N20 S500 M03;
/N30 G00 X50 Y30;
N40 G01 X30 F100;
```

（2）跳步状态可实现有选择地执行程序段，可用于分段校验程序。

二、程序的自动运行

（1）调出要加工的程序，见项目六中的任务五。

（2）将功能选择旋钮置于"自动"模式。

（3）单击"检视"软键，选择程序检视画面。在检视画面中可适时监控程序运行的坐标值和余移动量，使用非常方便。

（4）按"循环启动"按钮。

说明如下。

（1）首件加工时，将进给倍率旋钮调至10%左右，快速进给倍率选择F0或25%，选择单步运行。熟悉后根据实际需要实时调整进给倍率旋钮，取消单步运行。

（2）在铣削的过程中，左手调整进给倍率旋钮至最佳位置；右手大拇指虚按"循环启动"按钮；食指虚按"进给保持"按钮，边观察车刀车削，边检视画面中适时监控程序运行的坐标值和剩余距离的坐标值；出现异常时迅速按下"进给保持"按钮，进给停止，主轴运转正常。排除故障后再次按下"循环启动"，程序继续向下进行，这样可以避免发生碰撞事故。

三、程序的重新启动（以 Q 型为例说明）

（1）上电后解除急停，执行回参考点和更换刀具等操作；手动将机床移动到程序的起始点（加工的起始点）；如有必要修改偏置值。

（2）按下"程序重启动"按钮，使重新启动开关接通。

（3）按下"PROG"按钮显示需要的程序。

（4）找到程序头。

（5）输入要重新启动的程序段的顺序号，然后按下 Q TYPE 软键。

（6）按顺序号检索，程序重新启动屏幕出现在显示器上，如附图 C-1 所示。

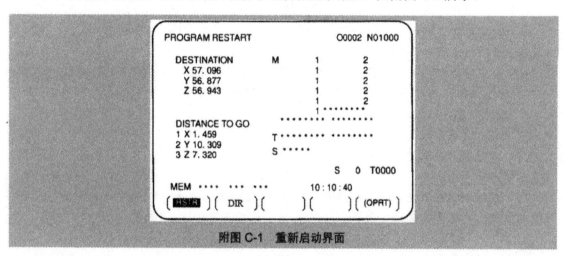

附图 C-1 重新启动界面

（7）关闭程序"重新启动"开关。这时在 DISTANCE TO GO 项目中各轴名称之前的数字启动闪烁。

（8）检查将要执行的 M、S、T 和 B 代码屏幕，进入 MDI 方式将要执行的 M、S、T 和 B 功能。执行后恢复到原来的运行方式。

（9）检查在 DISTANCE TO GO 中显示的距离是否正确。同时检查刀具移动到程序重新启动位置时与工件或其他物体是否碰撞。如果存在这种可能，将刀具手动移动到一个合适的位置。

（10）按下"循环启动"按钮。刀具按照参数#7310 中指定的顺序沿这些轴以空运行的速度移动到程序的重新启动位置，然后重新开始加工。

说明如下。

（1）程序的重新启动功能用于指定刀具断裂或者公休后重新启动程序时将启动程序段的顺序号，从该段程序重新启动机床。

（2）有两种重新启动的方法，即 P 型和 Q 型，如附图 C-2 所示。

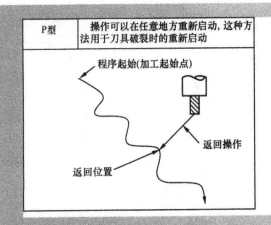
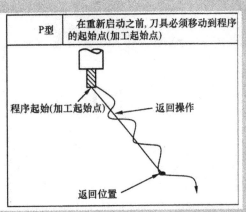

附图 C-2　两种重新启动的方法

附录四

数控铣工中级国家职业标准

一、职业概况

（一）职业名称　数控铣工

（二）职业定义　从事编制数控加工程序并操作数控铣床进行零件加工的人员

（三）职业等级

本职业共设四个等级，分别为：中级（国家职业资格四级）、高级（国家职业资格三级）、技师（国家职业资格二级）、高级技师（国家职业资格一级）

（四）职业环境　室内、常温

（五）职业能力特征　具有较强的计算能力和空间感，形体知觉及色觉正常，手指、手臂灵活，动作协调

（六）基本文化程度　高中毕业（或同等学历）

（七）培训要求

1．培训期限

全日制职业学校教育，根据其培养目标和教学计划确定。晋级培训期限：中级不少于400标准学时。

2．培训教师

培训中、高级人员的教师应取得本职业技师及以上职业资格证书或相关专业中级及以上专业技术职称任职资格。

3．培训场地设备

满足教学要求的标准教室、计算机机房及配套的软件、数控铣床及必要的刀具、夹具、量具和辅助设备等。

（八）鉴定要求

1．适用对象

从事或准备从事本职业的人员。

2．申报条件（具备以下条件之一者）

（1）经本职业中级正规培训达到规定标准学时数，并取得（毕）结业证书。

（2）连续从事本职业工作5年以上。

（3）取得经劳动保障行政部门审核认定的以中级技能为培养目标的中等以上职业学校本职业（或相关专业）毕业证书。

（4）取得相关职业中级职业资格证书后，连续从事本职业2年以上。

3．鉴定方式

分为理论知识考试和技能操作考核。理论知识考试采用闭卷方式，技能操作（含软件应用）考核采用现场实际操作和计算机软件操作方式。理论知识考试和技能操作（含软件应用）考核均实行百分制，成绩皆为 60 分及以上者为合格。

4．考评人员与考生配比

理论知识考试考评人员和考生配比为 1:15，每个标准教室不少于 2 名相应级别的考评员；技能操作（含软件应用）考核考评员与考生配比为 1:5，且不少于 3 名相应级别的考评员。

5．鉴定时间

理论知识考试为 120 分钟，中级技能操作考核中实操时间不少于 240 分钟，技能操作考核中软件应用考试时间不超过 120 分钟。

6．鉴定场所设备

理论知识考试在标准教室里进行，软件应用考试在计算机机房进行，技能操作考试在配备必要的数控铣床、工具、刀具、夹具、量具、量仪及机床附件的场所进行。

二、基本要求

（一）职业要求

1．职业道德基本知识

2．职业守则

（1）遵守国家法律、法规和相关规定。

（2）具有高度的责任心，爱岗敬业、团结合作。

（3）严格执行相关标准、工作程序和规范、工艺文件和安全操作规程。

（4）工作认真负责，学习新知识、新技能、勇于开拓和创新。

（5）爱护设备、系统及工具、夹具、量具。

（6）着装整洁，符合规定；保持工作环境清洁有序，文明生产。

（二）基本知识

1．基本理论知识

（1）机械制图。

（2）工程材料及金属热处理知识。

（3）机电控制知识。

（4）计算机基础知识。

（5）专业英语基础。

2．机械加工基本知识

（1）机械原理。

（2）常用设备知识（分类、用途、基本结构及维护保养方法）。

（3）常用金属切削刀具知识。

（4）典型零件加工工艺。

（5）设备润滑和冷却液的使用方法。

（6）工具、夹具、量具的使用与维护知识。

（7）铣工、镗工基本操作知识。

3．安全文明生产与环境保护知识

（1）安全操作和劳动保护知识。

（2）文明生产知识。

（3）环境保护知识。

4．质量管理知识

（1）企业的质量方针。

（2）岗位质量要求。

（3）岗位质量保证措施与责任。

5．相关法律、法规知识

（1）劳动法的相关知识。

（2）环境保护法的相关知识。

（3）知识产权保护法的相关知识。

三、工作要求

以下是数控铣工中级国家职业技能鉴定标准。

职业功能	工作内容	技能要求	相关知识
一、加工准备	（一）读图与绘图	（1）能读懂中等复杂程度（如：凸轮、壳体、板状、支架）的零件图； （2）能绘制有沟槽、台阶、斜面、曲面的简单零件图； （3）能读懂分度头尾架、弹簧夹头套筒、可转位铣刀结构等简单机构装配图	（1）复杂零件的表达方法； （2）简单零件图的画法； （3）零件三视图、局部视图和剖视图的画法
	（二）制定加工工艺	（1）能读懂复杂零件的铣削加工工艺文件； （2）能编制由直线、圆弧等构成的二维轮廓零件的铣削加工工艺文件	（1）数控加工工艺知识； （2）数控加工工艺文件的制定方法
	（三）零件定位与装夹	（1）能使用铣削加工常用夹具（如压板、虎钳、平口钳等）装夹零件； （2）能够选择定位基准，并找正零件	（1）常用夹具的使用方法； （2）定位与夹紧的原理和方法； （3）零件找正的方法

续表

职业功能	工作内容	技 能 要 求	相 关 知 识
	（四）刀具准备	（1）能够根据数控加工工艺文件选择、安装和调整数控铣床常用刀具； （2）能根据数控铣床特性、零件材料、加工精度、工作效率等选择刀具和刀具几何参数，并确定数控加工需要的切削参数和切削用量； （3）能够利用数控铣床的功能，借助通用量具或对刀仪测量刀具的半径及长度； （4）能选择、安装和使用刀柄； （5）能够刃磨常用刀具	（1）金属切削与刀具磨损知识； （2）数控铣床常用刀具的种类、结构、材料和特点； （3）数控铣床、零件材料、加工精度和工作效率对刀具的要求； （4）刀具长度补偿、半径补偿等刀具参数的设置知识； （5）刀柄的分类和使用方法； （6）刀具刃磨的方法
二、数控编程	（一）手工编程	（1）能编制由直线、圆弧组成的二维轮廓数控加工程序； （2）能够运用固定循环、子程序进行零件的加工程序编制	（1）数控编程知识； （2）直线插补和圆弧插补的原理； （3）节点的计算方法
	（二）计算机辅助编程	（1）能够使用 CAD/CAM 软件绘制简单零件图； （2）能够利用 CAD/CAM 软件完成简单平面轮廓的铣削程序	（1）CAD/CAM 软件的使用方法； （2）平面轮廓的绘图与加工代码生成方法
三、数控铣床操作	（一）操作面板	（1）能够按照操作规程启动及停止机床； （2）能使用操作面板上的常用功能键（如回零、手动、MDI、修调）等	（1）数控铣床操作说明书； （2）数控铣床操作面板的使用方法
	（二）程序输入与编辑	（1）能够通过各种途径（如 DNC、网络）输入加工程序； （2）能够通过操作面板输入和编辑加工程序	（1）数控加工程序的输入方法； （2）数控加工程序的编辑方法
	（三）对刀	（1）能进行对刀并确定相关坐标系； （2）能设置刀具参数	（1）对刀的方法； （2）坐标系的知识； （3）建立刀具参数表或文件的方法
	（四）程序调试与运行	能够进行程序检验、单步执行、空运行并完成零件试切	程序调试的方法

续表

职业功能	工作内容	技能要求	相关知识
三、数控铣床操作	（五）参数设置	能够通过操作面板输入有关参数	数控系统中相关参数的输入方法
四、零件加工	（一）平面加工	能够运用数控加工程序进行平面、垂直面、斜面、阶梯面等的铣削加工，并达到如下要求： （1）尺寸公差等级达 IT7 级； （2）形位公差等级达 IT8 级； （3）表面粗糙度 Ra 达 3.2μm	（1）平面铣削的基本知识； （2）刀具端刃的切削特点
	（二）轮廓加工	能够运用数控加工程序进行由直线、圆弧组成的平面轮廓铣削加工，并达到如下要求： （1）尺寸公差等级达 IT8 级； （2）形位公差等级达 IT8 级； （3）表面粗糙度 Ra 达 3.2μm	（1）平面轮廓铣削的基本知识； （2）刀具侧刃的切削特点
	（三）曲面加工	能够运用数控加工程序进行圆锥面、圆柱面等简单曲面的铣削加工，并达到如下要求： （1）尺寸公差等级达 IT8 级； （2）形位公差等级达 IT8 级； （3）表面粗糙度 Ra 达 3.2μm	（1）曲面铣削的基本知识； （2）球头刀具的切削特点
	（四）孔类加工	能够运用数控加工程序进行孔加工，并达到如下要求： （1）尺寸公差等级达 IT7 级； （2）形位公差等级达 IT8 级； （3）表面粗糙度 Ra 达 3.2μm	麻花钻、扩孔钻、丝锥、镗刀及铰刀的加工方法
	（五）槽类加工	能够运用数控加工程序进行槽、键槽的加工，并达到如下要求： （1）尺寸公差等级达 IT8 级； （2）形位公差等级达 IT8 级； （3）表面粗糙度 Ra 达 3.2μm	槽、键槽的加工方法
	（六）精度检验	能够使用常用量具进行零件的精度检验	（1）常用量具的使用方法； （2）零件精度检验及测量方法

续表

职业功能	工 作 内 容	技 能 要 求	相 关 知 识
五、维护与故障诊断	（一）机床日常维护	能够根据说明书完成数控铣床的定期及不定期维护保养，包括：机械、电、气、液压、数控系统检查和日常保养等	（1）数控铣床说明书； （2）数控铣床日常保养方法； （3）数控铣床操作规程； （4）数控系统（进口、国产数控系统）说明书
	（二）机床故障诊断	（1）能读懂数控系统的报警信息； （2）能发现数控铣床的一般故障	（1）数控系统的报警信息； （2）机床的故障诊断方法
	（三）机床精度检查	能进行机床水平的检查	（1）水平仪的使用方法； （2）机床垫铁的调整方法

参考文献

[1] 徐冬元. 机械加工技能实训. 北京：人民邮电出版社，2005.

[2] 河南省职业技术教育教学教研室. 数控铣削技术. 北京：电子工业出版社，2008.

[3] 娄海滨. 数控铣床和加工中心技术实训. 北京：人民邮电出版社，2006.

[4] 徐夏民. 数控铣工实习与考级. 北京：高等教育出版社，2004.

[5] 郑书华，张凤辰. 数控铣削编程与操作训练. 北京：高等教育出版社，2005.

[6] 宋昀. 数控铣床和加工中心操作与编程技能训练. 北京：高等教育出版社，2005.

[7] 李国举. 数控铣削加工技术基本功. 北京：人民邮电出版社，2010.

[8] 葛金印. 机械制造技术基础. 北京：高等教育出版社，2005.

[9] 顾晔，楼章华. 数控加工编程与操作. 北京：人民邮电出版社，2009.

[10] 叶伯生. 数控技术实用手册. 北京：中国劳动社会保障出版社，2006.

[11] 张英伟. 数控铣削编程与加工技术. 北京：电子工业出版社，2009.

[12] 陈子银. 模具数控加工技术. 北京：人民邮电出版社，2006.

[13] BEIJING-FANUC.FANUC Series 0i Mate-MC 操作说明书.

[14] HNC-21M 世纪星铣削数控装置编程和操作说明书.